"十三五"国家重点图书出版规划项目

U0320895

# 画说猪常见病
# 快速诊断与防治技术

## 中国农业科学院组织编写

### 吴家强　于　江　主编

中国农业科学技术出版社

图书在版编目（CIP）数据

画说猪常见病快速诊断与防治技术 / 吴家强，于江
主编 . -- 北京：中国农业科学技术出版社，2019.6
ISBN 978-7-5116-4194-6

Ⅰ.①画…　Ⅱ.①吴…　②于…Ⅲ.①猪病—防治—
图解　Ⅳ.① S858.28-64

中国版本图书馆 CIP 数据核字（2019）第 089782 号

责任编辑　崔改泵　李华
责任校对　李向荣

出　版　者　中国农业科学技术出版社
　　　　　　北京市中关村南大街 12 号　邮编：100081
电　　　话　（010）82109708（编辑室）（010）82109702（发行部）
　　　　　　（010）82109709（读者服务部）
传　　　真　（010）82106650
网　　　址　http://www.castp.cn
经　销　者　各地新华书店
印　刷　者　北京富泰印刷有限责任公司
开　　　本　880mm×1 230mm　1 /32
印　　　张　3.25
字　　　数　87 千字
版　　　次　2019 年 6 月第 1 版　2019 年 6 月第 1 次印刷
定　　　价　32.00 元

# 编委会

《画说『三农』书系》

# 编委会

《画说猪常见病快速诊断与防治技术》

| 主　　编 | 吴家强 | 于　江 | | |
|---|---|---|---|---|
| 副 主 编 | 张米申 | 张玉玉 | | |
| 编　　委 | 邱文彬 | 沈文慧 | 杨　杰 | 王炳煜 |
| | 王新福 | 刘洪岩 | 任素芳 | 郭立辉 |
| | 陈　智 | 孙文博 | 王　涛 | 曾　昊 |
| | 王佳芸 | | | |

序言

《画说『三农』书系》

农业、农村和农民问题，是关系国计民生的根本性问题。农业强不强、农村美不美、农民富不富，决定着亿万农民的获得感和幸福感，决定着我国全面小康社会的成色和社会主义现代化的质量。必须立足国情、农情，切实增强责任感、使命感和紧迫感，竭尽全力，以更大的决心、更明确的目标、更有力的举措推动农业全面升级、农村全面进步、农民全面发展，谱写乡村振兴的新篇章。

中国农业科学院是国家综合性农业科研机构，担负着全国农业重大基础与应用基础研究、应用研究和高新技术研究的任务，致力于解决我国农业及农村经济发展中战略性、全局性、关键性、基础性重大科技问题。根据习近平总书记"三个面向""两个一流""一个整体跃升"的指示精神，中国农业科学院面向世界农业科技前沿、面向国家重大需求、面向现代农业建设主战场，组织实施"科技创新工程"，加快建设世界一流学科和一流科研院所，勇攀高峰，率先跨越；牵头组建国家农业科技创新联盟，联合各级农业科研院所、高校、企业和农业生产组织，共同推动我国农业科技整体跃升，为乡村振兴提供强大的科技支撑。

组织编写《画说"三农"书系》，是中国农业科学院在新时代加快普及现代农业科技知识，帮助农民职业化发展的重要举措。我们在全国范围遴选优秀专家，组织编写农民朋友用得上、喜欢看的系列图书，图文并茂展示先进、实用的农业科技知识，希望能为农民朋友提升技能、发展产业、振兴乡村做出贡献。

中国农业科学院党组书记　张合成

2018 年 10 月 1 日

前言

《画说猪常见病快速诊断与防治技术》

　　我国是世界第一养猪大国，猪肉在我国居民膳食结构中占肉类消费总量的 64%，具有"猪粮安天下"的战略地位。目前，猪传染性疾病每年造成的直接经济损失超过 200 亿元，是制约养猪业快速发展的重要因素之一。因此，对于猪病临床兽医工作者来说，在猪病诊断思路上进行适当调整的同时，尽快熟练掌握有关猪病的临床症状和剖检变化，显得尤为重要和紧迫。

　　我国猪病存在着"旧病未除，新病不断"的流行特点，而且大多数病例，从发现临床症状到出实验室诊断结果，需要一周左右的时间，易错过最佳防控和治疗时间。本书是编者在长期从事临床研究和生产一线工作的基础上，给猪病毒性疾病、细菌性疾病、寄生虫病等重要猪病匹配了真实反映典型临床症状及肉眼可见剖检变化的彩色图片，帮助大专院校、科研院所及养殖一线的相关从业者能够根据临床症状和剖检变化正确地判断猪病，可以更好地做到早发现、早诊断、早治疗，为治疗猪病赢得时间。

　　本书也涉及猪病防治措施，所用药物及其使用剂量仅供读者参考，不可照搬。在生产实际中，建议读者在使用每一种药物之前，参阅厂家提供的产品说明以确认药物用量、用药方法、用药时间及禁忌等。

　　由于编者水平所限，加之时间仓促，书中可能存在错误与不足之处，敬请广大读者批评指正。

编者

2019 年 4 月

# Contents 目 录

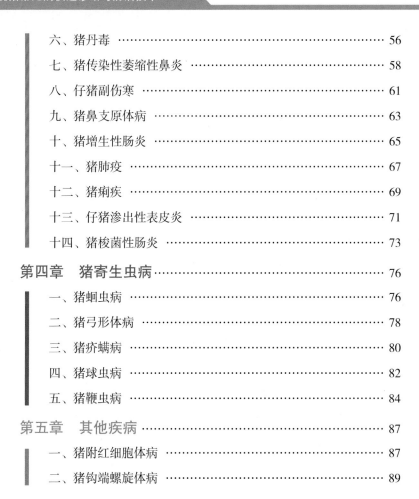

# 第一章

# 概 述

　　我国是世界第一养猪大国，2017年生猪出栏数接近7亿头，占世界出栏总量的50%以上，但生产指标与经济效益距离养猪发达国家尚存在很大差距。随着我国养猪事业的蓬勃发展，国外的品种引进、国内的生猪调拨对我国的养猪生产起到了积极的作用。但是上述行为也为猪病的传播起到了推波助澜的作用。

　　猪病的种类很多，包括传染病、内科病、外科病、产科病、营养代谢病及中毒性疾病，而危害最为严重的是传染病，特别是混合感染或继发感染状况频繁发生，导致高发病率和高死亡率。目前，猪传染性疾病每年造成的直接经济损失超过200亿元，严重影响养猪业的发展，造成巨大的经济损失。

　　近几年在猪病临床上发现，在猪瘟、猪蓝耳病、猪圆环病毒病等不断被引入的同时，以往的某些猪病也因病原变异导致临床症状或病变出现一些新的变化。相同的疾病甚至同窝病猪表现的临床症状和病变也不完全相同，有的甚至差别还比较大，这就给猪病现场诊断带来了诸多不确定的因素。因此，临床上误诊率较高。编者从近几年在一线猪病诊断工作获取的资料中，筛选部分具有代表性的疾病资料和图片，根据多年的临床经验，向读者展示不同年龄、不同猪群、有时甚至是同一猪群发病时的相同或不同症状和病变，以便读者在猪病诊断中进行比对或参考。

# 第二章

## 猪病毒性疾病

### 一、猪口蹄疫

#### （一）简介

猪口蹄疫是由口蹄疫病毒引起的一种急性、热性、高度接触性传染病，该病传播迅速，流行面广。除接触性传播外，还能通过空气远距离传播。口蹄疫病毒目前可分为7个血清型，即A、O、C、SAT1、SAT2、SAT3及Asia I型，目前在我国主要以O型为主。

#### （二）流行特点

自然条件下口蹄疫病毒可感染多种动物，偶蹄目动物的易感性最高。处于口蹄疫潜伏期和发病期的猪只，几乎所有的组织、器官以及分泌物、排泄物等都含有口蹄疫病毒。病毒随同动物的乳汁、唾液、尿液、粪便、精液和呼出的空气等一起排放到外部环境，形成了最主要的传染源。

#### （三）临床症状

猪口蹄疫潜伏期为1~2天，临床症状较典型。病猪主要以蹄部水疱为主要特征。病程初期患病猪只体温升高至41℃，精神沉郁，食欲不振，口腔黏膜、口、舌、唇部形成水疱和烂斑（图2-1-1）。之后蹄冠、蹄叉等部位就会出现局部发红、微热、敏感等临床症状，不久就会形成米粒至黄豆粒大小的水疱（图2-1-2），水疱破裂后表面出血、糜烂等（图2-1-3），后期结痂（图2-1-4）。严重者可出现蹄匣脱落，患肢不能着地，常卧地不起。哺乳母猪可在乳房处见到水疱及烂斑（图2-1-5），哺乳仔猪多呈急性肠胃炎和心肌炎而突然死亡（图2-1-6、图2-1-7）。

图2-1-1　口腔黏膜（包括舌、唇、齿龈、颊黏膜）形成小水疱或糜烂

图2-1-2　初期蹄冠、蹄叉水疱

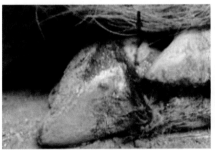

图2-1-3　中期水疱破溃、龟裂和出血

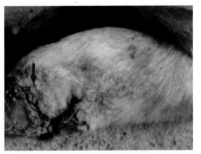

图2-1-4　后期结痂

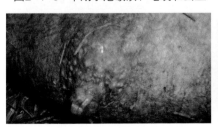

图2-1-5　乳房处水疱

图2-1-6　分娩后3日母猪发病，此时，仔猪尚未发病。但是，12小时内仔猪全部死亡

图2-1-7 哺乳仔猪因口蹄疫引起急性
胃肠炎和心肌炎突然死亡

## （四）剖检变化

除口腔部、蹄部、乳房处的水疱和烂斑外（图2-1-8、图2-1-9），在咽喉、气管、支气管可见到圆形烂斑和溃疡，胃肠黏膜可见出血性炎症。其中最具有诊断意义的是心脏的病变，心包膜有弥散性及点状出血（图2-1-10、图2-1-11），心肌松软，心肌切面有灰白色或淡黄色斑点或条纹的"虎斑心"（图2-1-12）。大多数猪只死亡后解剖除心肌出血外，还可见出血性肺炎（图2-1-13、图2-1-14）和肠炎（图2-1-15）。

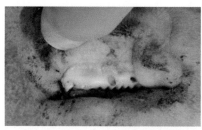

图2-1-8 口腔齿龈处水疱溃烂

图2-1-9 蹄冠水疱溃烂

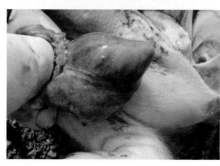

图2-1-10 哺乳仔猪急性死亡，大
多只是心肌和肠道出血，"虎斑
心"不常见

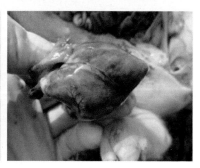

图2-1-11 心肌出血

图2-1-12 外观灰白或淡黄色斑点或
虎斑皮状的条纹，所谓的"虎斑心"

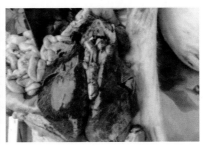

图2-1-13 出血性肺炎

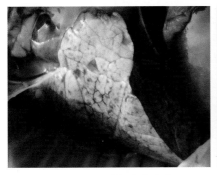

图2-1-14 肺部出血斑点

图2-1-15 急性出血性肠炎

## （五）防治措施

养殖场实行封闭式饲养管理，根据本场实际情况制定切实可行的防控计划，并且加强畜舍的消毒卫生工作。根据本地区、本场的流行情况制定科学、合理的免疫程序。不从疫区购置动物产品、饲料等。注意观察猪群状态，发现疫情及时上报。一旦发现疫情，要严格按照《中华人民共和国动物防疫法》有关规定进行无害化处理。

# 二、猪瘟

## （一）简介

猪瘟是由猪瘟病毒引起的一种急性、热性、高度接触传染的病毒性传染病。猪瘟病毒是黄病毒科、瘟病毒属的一个成员。其发病特征为发病急、高稽留热和细小血管壁变性，引起全身泛发性小点出血，脾脏的梗死。猪瘟呈世界性分布，不同品种、年龄的猪只均可发病。近几年来，由于不同猪瘟病毒疫苗的使用，不同猪只获得了不同程度的免疫力，其症状与病变也不是特征性病变，典型猪瘟也不常见，在其诊断过程中要格外注意。

## （二）流行特点

猪是猪瘟病毒唯一的自然宿主，本病最主要的传染源是病猪和带毒猪，病猪分泌物和排泄物以及病死猪的脏器、废水、污染的饲料均可传播病毒。猪瘟的传播方式主要是直接接触传播以及猪瘟病毒侵袭妊娠母猪，导致病毒侵袭胎儿，造成死产或出生后不久即死去的弱仔和木乃伊胎。

## （三）临床症状

猪瘟根据临床特征可分为急性、慢性和迟发性3种类型。急性型猪瘟表现呆滞，行动缓慢，站立一旁，弓背怕冷，食欲减退或废绝。体温升高至41℃，个别可达42℃以上，高稽留热（图2-2-1）。病猪眼结膜发炎，眼睑浮肿（图2-2-2）。体温升高后先便秘之后排出恶臭稀便。病初皮肤充血，后期变为紫绀或出血，以腹下、鼻端、耳根、四肢内侧和外阴等部位常见（图2-2-3至图2-2-12）。慢性型猪瘟的临床症状与急性型猪瘟相似，只是病程稍长，病猪的生长缓慢，发育不良，精神时好时坏，便秘、腹泻交替出现（图2-2-13至图2-2-15），病猪可存活1~2个月。迟发性猪瘟是先天性感染猪瘟病毒，妊娠母猪感染猪瘟病毒后往往不表现临床症状，但可通过胎盘传染导致妊娠母猪的流产、产死胎、弱胎、木乃伊胎等。

图2-2-1　稽留热和皮肤出血，病程长

图2-2-2　结膜炎，脓性分泌物及眼睑黏连

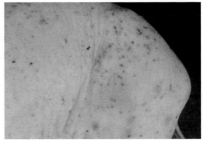

图2-2-3　耳部皮肤出血

图2-2-4　皮肤出血斑点

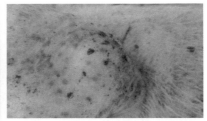

图2-2-5　全身发绀，后躯麻痹

图2-2-6　肠型猪瘟，部分病猪耳外侧
出血斑点

图2-2-7　肠型猪瘟，病猪背部也可见
出血斑

图2-2-8　胸前和前肢内侧发绀和出
血斑点

图2-2-9　10日龄尚未免疫猪瘟疫苗的发病猪，前肢内侧蹄壳紫红色

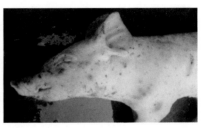

图2-2-10　45日龄未免疫猪瘟疫苗的发病猪，外观看皮肤苍白、贫血，苍白的皮肤上有大量紫癜状出血斑

图2-2-11　10日龄尚未免疫猪瘟疫苗的发病乳猪，下眼睑肿胀发紫

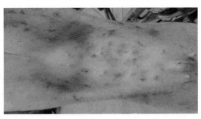

图2-2-12　10日龄尚未免疫猪瘟疫苗的发病猪，腹下皮肤苍白、贫血，苍白的皮肤上即有紫癜状出血斑，也有红色出血斑点

图2-2-13　顽固性腹泻和皮肤发绀

图2-2-14　顽固性腹泻，眼窝塌陷、严重脱水

图2-2-15　病猪顽固性腹泻

## （四）病理变化

急性型：病猪的全身淋巴结，特别是耳下、颈部、肠系膜和腹股沟淋巴结出血、水肿，呈大理石样或红黑色外观，切面周边出血（图2-2-16至图2-2-18）。肾脏有针尖状出血点或大的出血斑，俗称"雀斑肾"（图2-2-19至图2-2-21）。此外，全身浆膜、黏膜和心、肺、膀胱均有大小不等、多少不一的出血点或出血斑（图2-2-22至图2-2-27）。脾脏不肿大，但脾脏边缘出血性的梗死是特征性病变（图2-2-28、图2-2-29）。喉头、咽部黏膜及会厌软骨上有不同程度的出血（图2-2-30）。

慢性型：全身的出血性变化不明显，但在回肠末端、盲肠和结肠常有特征性的伪膜性坏死和溃疡，呈纽扣状（图2-2-31）。

迟发型：妊娠母猪的流产，胎儿木乃伊化、死胎和畸形。死产的胎儿全身性皮下水肿、腹水和胸水。在出生后不久死亡的仔猪的皮肤和内脏器官常有出血点。

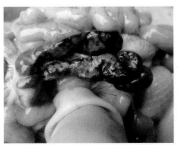

图2-2-16 淋巴结大理石状

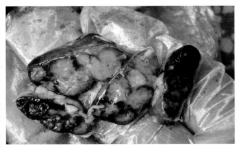

图2-2-17 淋巴结周边出血，呈大理石状外观

图2-2-18 肺脏切面呈大理石状外观

图2-2-19 肾脏贫血有出血点

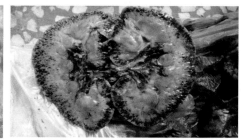

图2-2-20　肾脏有弥漫性出血点　　　　图2-2-21　肾脏切面密集出血点

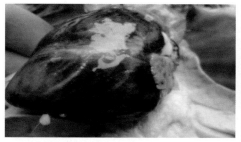

图2-2-22　心肌弥漫性出血　　　　　　图2-2-23　膀胱黏膜出血

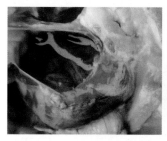

图2-2-24　心肌弥漫性出血　　　　　　图2-2-25　肠道黏膜大量出血点

图2-2-26　肺有大量针尖状出血点　　　图2-2-27　胃浆膜出血

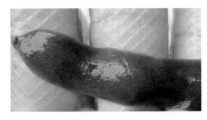

图2-2-28 脾脏未见明显梗死，有出血点　　图2-2-29 脾脏边缘梗死

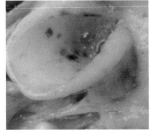

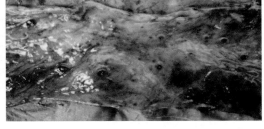

图2-2-30 会厌软骨出血斑　　图2-2-31 大肠黏膜纽扣状溃疡

## （五）防治措施

禁止从疫区引进生猪、猪肉及其产品。定期接种疫苗，我国研制的猪瘟兔化弱毒疫苗免疫效果可靠，接种后1周可产生免疫力。新生仔猪应在6周龄免疫一次，5月龄再一次免疫，增强免疫效果。成年种猪每年免疫1~2次，暴发猪瘟时应紧急免疫，对周围的猪群也应逐头免疫，注意针头消毒。

# 三、猪繁殖与呼吸综合征

## （一）简介

猪繁殖与呼吸综合征俗称"猪蓝耳病"，是由猪繁殖与呼吸综合征病毒（PRRSV）引起的猪的繁殖障碍和呼吸系统传染病。其主要特征为厌食、发热，怀孕后期母猪发生流产、产死胎和木乃伊胎，幼龄仔猪主要以呼吸系统疾病而大量死亡。猪繁殖与呼吸综合征已经成为规模化养殖场的主要疾病之一，发病率高，如有混合感染则会引起较高的死亡率。

## （二）流行特点

猪繁殖与呼吸综合征只感染猪，各种年龄和品种的猪均易感，但主要侵害繁殖母猪和仔猪，而育肥猪发病温和。病猪和带毒猪是本病的主要传染源。本病传播迅速，主要经呼吸道传染，也可垂直传播，妊娠母猪经胎盘传播给胎儿。

## （三）临床症状

猪只突然出现精神沉郁，食欲减退或废绝、呼吸急促、打喷嚏、流鼻涕、咳嗽等症状（图2-3-1）；个别病猪在耳尖、耳朵边缘出现蓝紫色，四肢末端和腹部皮肤出现红色斑块（图2-3-2、图2-3-3）。母猪病初精神倦怠、厌食、发热。妊娠后期发生早产、流产、死胎、木乃伊胎及弱仔（图2-3-4、图2-3-5）。大多数幸存仔猪在出生后表现为呼吸困难、肌肉震颤、后肢麻痹、共济失调、打喷嚏、嗜睡（图2-3-6）。部分仔猪耳部发紫、躯体末端皮肤发绀。育成猪双眼肿胀，发生结膜炎和腹泻，并出现肺炎（图2-3-7、图2-3-8）。

图2-3-1 呼吸困难，流鼻液，皮肤发绀　　图2-3-2 耳朵发绀

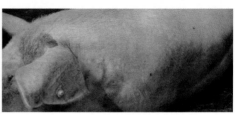

图2-3-3 育肥猪表现轻度类似流感症状，暂时性厌食和轻度呼吸困难，采食稍低，增重缓慢，个别耳朵发绀　　图2-3-4 流产母猪皮肤有淤血

图2-3-5　怀孕母猪难产，2~4天就死亡　图2-3-6　耳朵蓝紫色并出现呼吸道症状

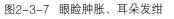

图2-3-7　眼睑肿胀、耳朵发绀　　　图2-3-8　高热，结膜前期充血，后期淤血

## （四）病理变化

无继发感染的病例，除有淋巴结轻度或中度水肿外，肉眼变化不明显，呼吸道的病理变化为温和到严重的间质型肺炎（图2-3-9），有时有卡他性肺炎，若有继发感染，则可出现相应的病理变化，如心包炎、胸膜炎、腹膜炎及脑膜炎等。

PRRSV感染引起的繁殖障碍所产仔猪和胎儿很少有特征性病变，PRRSV致死的胎儿病变是子宫内无细菌自溶的结果。流产的胎儿血管周围出现以巨噬细胞和淋巴细胞浸润为特征的动脉炎、心肌炎和脑炎。死胎外观皮下水肿（图2-3-10、图2-3-11），腹腔和心包内有积液（图2-3-12），肾呈紫红色（图2-3-13、图2-3-14）。

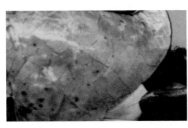

图2-3-9　出血性间质肺炎　　　图2-3-10　产出的新鲜死胎眼观水肿

图2-3-11 产出的新鲜死胎皮下水肿

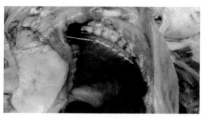

图2-3-12 产出的新鲜死胎腹腔、胸腔和心包腔清亮液体增多

图2-3-13 产出的新鲜死胎肾出血

图2-3-14 肾紫红色，有较密集的出血点

## （五）防治措施

　　坚持自繁自养的原则，建立稳定的种猪群，不轻易引种。建立健全规模化猪场的生物安全体系，定期对猪舍和环境进行消毒，保持猪舍、饲养管理用具及环境的清洁卫生。做好猪群饲养管理，做好其他疫病的免疫接种，控制好其他疫病，特别是猪瘟、猪伪狂犬和猪气喘病的控制。定期对猪群中猪繁殖与呼吸综合征病毒的感染状况进行监测，对发病猪场的种猪要严格检疫。

# 四、猪圆环病毒病

## （一）简介

　　猪圆环病毒病会引起断奶仔猪多系统衰竭综合征（PMWS）、猪皮炎肾病综合征（PNDS）、猪呼吸系统混合疾病、繁殖障碍综合征等疾病。现"猪圆环病毒病"（PCVD）的含义是指群体病或是与猪圆环病毒2型相关的疾病。

## （二）流行特点

猪圆环病毒病是最早被认识和确认的由猪圆环病毒 2 型感染所致的疾病。常见的 PMWS 主要发生在 5~16 周龄的猪，最常见于 6~8 周龄的猪。该病常常由于并发或继发细菌或病毒感染而使死亡率大大增加，病死率可达 25% 以上。

猪对猪圆环病毒 2 型具有较强的易感性，感染猪可自鼻液、粪便等废物中排出病毒，经口腔、呼吸道途径感染不同年龄的猪。怀孕母猪感染猪圆环病毒 2 型后，可经胎盘垂直传播感染仔猪。病毒能水平传播，接触病毒后一周，血清中能检出抗体，随后滴度不断升高。

## （三）临床症状

最常见的是猪只渐进性消瘦或生长迟缓（图 2-4-1），这也是诊断 PMWS 所必需的临床依据，其他症状有厌食、精神沉郁、行动迟缓、皮肤苍白、被毛蓬乱、呼吸困难，咳嗽为特征的呼吸障碍（图 2-4-2 至图 2-4-5）。较少出现的症状为腹泻和中枢神经系统紊乱。发病率一般很低而病死率都很高。体表浅淋巴结肿大（图 2-4-6），肿胀的淋巴结有时可被触摸到，特别是腹股沟浅淋巴结（图 2-4-7、图 2-4-8）；贫血和可视黏膜黄染。胃溃疡、嗜睡、中枢神经系统障碍和突然死亡较为少见。绝大多数猪圆环病毒病 2 型是亚临床感染。一般临床症状可能与继发感染有关，或者完全是由继发感染所引起的。在通风不良、过分拥挤、空气污浊、混养以及感染其他病原等因素时，病情明显加重，一般病死率为 10%~30%。

图2-4-1　进行性消瘦、皮肤苍白　　图2-4-2　猪断奶后多系统衰竭综合征，表现呼吸困难、喜卧、腹泻、贫血、部分黄疸

图2-4-3　猪皮炎和肾病综合征，后躯凹凸不平较重

图2-4-4　猪皮炎和肾病综合征，皮肤损害，后躯淤血点或淤斑融合，使病猪皮肤呈紫红色的"癞蛤蟆"皮状外观

图2-4-5　皮肤发生淤血点和淤血斑，呈紫红色

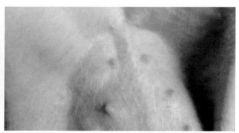

图2-4-6　仔猪断奶后多系统衰竭综合征，全身淋巴结肿胀，腹股沟淋巴结外观最为明显

图2-4-7　腹股沟淋巴结灰白色肿大

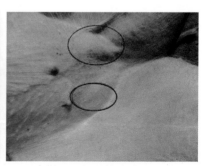

图2-4-8　腹股沟淋巴结肿大2~5倍

## （四）剖检变化

本病主要的病理变化为患猪消瘦，贫血，皮肤苍白、黄染（疑似PMWS 的猪有 20% 出现）（图 2-4-9）；淋巴结异常肿胀，内脏和外周淋巴结肿大到正常体积的 3~4 倍，切面为均匀的白色；肺部有灰褐色炎症和肿胀，呈弥漫性病变，比重增加，坚硬似橡皮样（图 2-4-10、图 2-4-11）；肝脏发暗，呈浅黄到橘黄色外观，萎缩，肝小叶间结缔组织增生（图 2-4-12、图 2-4-13）；肾脏水肿（有的可达正常的5倍），苍白，被膜下有坏死灶（图 2-4-14、图 2-4-15）；脾脏轻度肿大，质地如肉（图 2-4-16、图 2-4-17）；胰、小肠和结肠也常有肿大及坏死病变（图 2-4-18）。

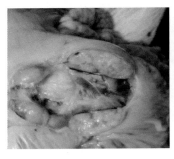

图2-4-9　全身淋巴结肿胀,苍白或黄白色切面多汁

图2-4-10　肺水肿苍白色

图2-4-11　肺小叶间隔增宽

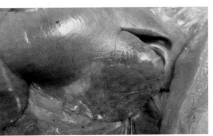

图2-4-12　肝脏呈浅黄到橘黄色外观

图2-4-13　肝脏色淡小叶不清

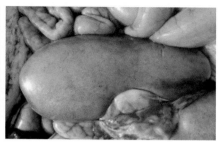

图2-4-14　肾脏呈肾小球性肾炎和间
　　　　　质性肾炎，表面可见淤血点

图2-4-15　肾水肿

图2-4-16　脾脏轻度肿大，质
　　　　　地如肉状

图2-4-17　脾脏肿大，脾头出血

图2-4-18　小肠和结肠也常有肿大及
　　　　　坏死病变

## （五）防治措施

采用抗菌药物，减少并发感染。如氟苯尼考、丁胺卡那霉素、庆大—小诺霉素、克林霉素、磺胺类药物等进行治疗，同时应用促进肾脏排泄和缓解类药物进行肾脏的恢复治疗。采用黄芪多糖注射液并配合维生素 $B_1$+$B_{12}$+ 维生素 C 肌内注射，也可以使用佳维素或氨基金维他饮水或拌料。选用新型的抗病毒剂如干扰素、白细胞介导素、免疫球蛋白、转移因子等进行治疗，同时配合中草药抗病毒制剂，会取得明显治疗效果。

# 五、猪传染性胃肠炎

## （一）简介

猪传染性胃肠炎（TGE）是由猪传染性胃肠炎病毒引起猪的一种高度接触性消化道传染病。以呕吐、水样腹泻和脱水为特征。TGE 对首次感染的猪群造成的危害尤为明显。在短期内能引起各种年龄的猪 100% 发病，病势依日龄而异，日龄越小，病情越重，死亡率也越高，2 周龄内的仔猪死亡率达 90%~100%。康复仔猪发育不良，生长迟缓，在疫区的猪群中，患病仔猪较少，但断奶仔猪有时死亡率达 50%。

## （二）临床症状

一般 2 周龄以内的仔猪感染后 12~24 小时会出现呕吐，继而出现严重的水样或糊状腹泻（图 2-5-1），粪便呈黄色，常夹有未消化的凝乳块（图 2-5-2），恶臭，体重迅速下降，仔猪明显脱水，发病 2~7 天死亡，死亡率达 100%；在 2~3 周龄的仔猪，死亡率在 0~10%。断乳猪感染后 2~4 天发病，表现水泻，呈喷射状，粪便呈灰色或褐色（图 2-5-3），个别猪呕吐，在 5~8 天后腹泻停止，极少死亡，但体重下降，常表现发育不良，成为僵猪。有些母猪与患病仔猪密切接触反复感染，症状较重，体温升高，泌乳停止，呕吐、食欲不振和腹泻（图 2-5-4），也有些哺乳母猪不表现临床症状。

图2-5-1 表现呕吐，接着腹泻。也有先腹泻后呕吐或同时发生

图2-5-2 黄色粪便呈喷射状排出，粪便中含有未消化的饲料

图2-5-3 灰色粪便呈喷射状排出

图2-5-4 哺乳仔猪水样腹泻

## （三）剖检变化

主要的病理变化为急性肠炎，从胃到直肠可见程度不一的卡他性炎症。胃肠充满凝乳块，胃黏膜充血（图2-5-5）；小肠充满气体，肠壁弹性下降，管壁变薄（图2-5-6），呈透明或半透明状；肠内容物呈泡沫状、黄色、透明；肠系膜淋巴结肿胀（图2-5-7），淋巴管没有乳糜。心、肺、肾未见明显的病理肉眼病变。

图2-5-5 胃胀气，剖开可见未消化的乳块胃底潮红充血和出血

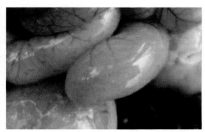

图2-5-6 小肠壁变薄，有的部分肠管胀气

图2-5-7 肠系膜淋巴结肿胀，血管扩
张淤血

## （四）防治措施

平时注意不从疫区或病猪场引进猪只，以免传入本病。当猪群发生本病时，应立即隔离病猪，用消毒药对猪舍、环境、用具、运输工具等进行消毒，尚未发病的猪应立即隔离到安全地方饲养。

# 六、猪流行性腹泻

## （一）简介

猪流行性腹泻 (PED)，由猪流行性腹泻病毒（PEDV）引起的一种接触性肠道传染病，其特征为呕吐、腹泻、脱水。临床变化和症状与猪传染性胃肠炎极为相似。

## （二）流行特点

本病只发生于猪，各种年龄的猪都能感染发病，尤以哺乳猪受害最为严重，母猪发病率变动很大，为15％~90％。病猪是主要传染源。病毒存在于肠绒毛上皮细胞和肠系膜淋巴结，随粪便排出后，污染环境、饲料、饮水、交通工具及用具等而传染。本病多发生于寒冷季节。

## （三）临床症状

该病的主要临床症状为水样腹泻（图 2-6-1），或者在腹泻的同时有呕吐。呕吐多发生于吃食或吃奶后。症状的轻重随年龄的大小而有差异，年龄越小，症状越重。一周龄内新生仔猪发生腹泻后 3~4 天，呈现严重脱水而死亡，死亡率可达 50%~100%，最高的死亡率达 100%。病猪体温正常或稍高，精神沉郁，食欲减退或废

图2-6-1　病猪体温一般正常，精神沉郁，食欲减退或废绝，症状为水样腹泻

绝。断奶猪、母猪常呈精神委顿、厌食和持续性腹泻大约一周，并逐渐恢复正常。少数猪恢复后生长发育不良。肥育猪在同圈饲养感染后都发生腹泻，一周后康复，死亡率 1%~3%。成年猪症状较轻，有的仅表现呕吐，重者水样腹泻。

## （四）剖检变化

眼观变化仅限于小肠，小肠扩张，内充满黄色液体（图 2-6-2），肠系膜充血，肠系膜淋巴结水肿 ( 图 2-6-3)，小肠绒毛缩短。组织学变化，见空肠段上皮细胞的空泡形成和表皮脱落，肠绒毛显著萎缩。绒毛长度与肠腺隐窝深度的比值由正常的 7∶1 降到 3∶1。上皮细胞脱落最早发生于腹泻后 2 小时。

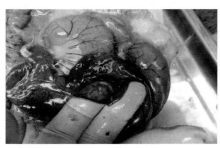

图2-6-2　小肠扩张，小肠黏膜充血、出血，内充满黄色液体

图2-6-3　肠系膜淋巴结水肿、出血

# 七、猪伪狂犬病

## （一）简介

猪伪狂犬病呈暴发性流行，可引起妊娠母猪流产、死胎，公猪不育，新生仔猪大量死亡，育肥猪呼吸困难、生长停滞等，是危害全球养猪业的重大传染病之一。

## （二）流行特点

伪狂犬病毒在全世界广泛分布。猪是伪狂犬病毒的贮存宿主，病猪、带毒猪以及带毒鼠类为本病重要传染源。在猪场，伪狂犬病毒主要通过已感染猪排毒而传给健康猪。另外，被伪狂犬病毒污染的工作人员和器具在传播中起着重要的作用。而空气传播则是伪狂犬病毒扩散的最主要途径。病毒主要通过鼻分泌物传播，另外，乳汁和精液也是可能的传播方式。伪狂犬病的发生具有一定的季节性，多发生在寒冷的季节，但其他季节也有发生。

## （三）临床症状

新生仔猪感染伪狂犬病毒会引起大量死亡，临床上新生仔猪第1天表现正常，从第2天开始发病，3~5天是死亡高峰期，有的整窝死光。同时，发病仔猪表现出明显的神经症状、昏睡、鸣叫、呕吐、拉稀（图2-7-1），一旦发病，1~2日死亡。剖检主要是肾脏布满针尖样出血点，有时见到肺水肿、脑膜表面充血、出血。15日龄以内的仔猪感染本病者，病情极严重，发病死亡率可达100%。仔猪突然发病，体温上升达41℃以上，精神极度委顿，发抖，运动不协调，痉挛，呕吐，腹泻（图2-7-2至图2-7-4），极少康复。断奶仔猪感染伪狂犬病毒，发病率在20%~40%，死亡率在10%~20%，主要表现为神经症状、拉稀、呕吐等（图2-7-5）。成年猪一般为隐性感染，若有症状也很轻微，易于恢复。主要表现为发热、精神沉郁，有些病猪呕吐、咳嗽，一般于4~8天完全恢复。怀孕母猪可发生流产、产木乃伊胎儿或死胎（图2-7-6、图2-7-7），其中以死胎为主。伪狂犬病的另一发病特点是表现为种猪不育症。

图2-7-1 白沫、倒地侧卧、头向后仰、四肢乱动

图2-7-2 瞳孔散大

图2-7-3 可见神经症状，出现摇晃、犬坐、流涎、转圈、惊跳、癫痫、强直性痉挛、后期出现四肢麻痹

图2-7-4 吐沫、倒地侧卧、头向后仰、四肢乱动，1~2天迅速死亡

图2-7-5 断奶猪病情病较轻，有时可见食欲和精神不振、发热(41~42℃)、咳嗽、呼吸困难

图2-7-6 怀孕中、后期感染，母猪无临床症状，产出死胎、木乃伊胎，弱仔，多在2~3天死亡

图2-7-7 后期死亡胎儿脐带出血

## （四）剖检变化

伪狂犬病毒感染一般无特征性病变。剖解主要见肾脏有针尖状出血点（图2-7-8），其他肉眼病变不明显。可见不同程度的卡他性胃炎和肠炎，中枢神经系统症状明显时，脑膜明显充血，脑脊髓液量过多（图2-7-9、图2-7-10），肝、脾等实质脏器常可见灰白色坏死病灶（图2-7-11），肺充血、水肿和坏死点（图2-7-12）。子宫内感染后可发展为溶解坏死性胎盘炎。

图2-7-8 肾灰白色小坏死灶

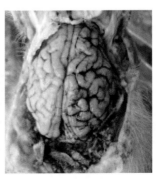

图2-7-9 脑膜充血、水肿，脑实质小点状出血

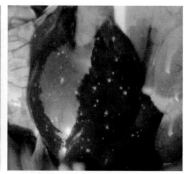

图2-7-10　脑膜充血、水肿，脑实质小点状出血　　图2-7-11　肝脏灰白色坏死灶

图2-7-12　间质性肺炎

# 八、猪轮状病毒病

## （一）简介

猪轮状病毒病是由猪轮状病毒引起的猪急性肠道传染病，主要症状为厌食、呕吐、下痢，中猪和大猪为隐性感染，没有症状。病原体除猪轮状病毒外，从小孩、犊牛、羔羊、马驹分离的轮状病毒也可感染仔猪引起不同程度的症状。轮状病毒对外界环境的抵抗力较强，在18~20℃的粪便和乳汁中，能存活7~9个月。

## （二）流行特点

轮状病毒主要存在于病猪及带毒猪的消化道，随粪便排到外界环境后，污染饲料、饮水、垫草及土壤等，经消化道途径使易感猪感染。本病多发生于晚秋、冬季和早春。各种年龄的猪都可感染，在流行地区由于大多数成年猪都已感染而获得免疫。因此，发病猪多是 8 周龄以下的仔猪，日龄越小的仔猪，发病率越高，发病率一般为50%~80%，病死率一般为 10% 以内。

## （三）临床症状

发病初期精神沉郁，食欲不振，不愿走动，有些吃奶后发生呕吐，继而腹泻，粪便呈黄色、灰色或黑色，为水样或糊状（图 2-8-1至图 2-8-4）。症状的轻重取决于发病的日龄、免疫状态和环境条件，缺乏母源抗体保护的出生后几天的仔猪症状最重，环境温度下降或继发大肠杆菌病时，常使症状加重，病死率增高。通常 10~21 日龄仔猪的症状较轻，腹泻数日即可康复，3~8 周龄仔猪症状更轻，成年猪为隐性感染。

图2-8-1　排出灰白色水样、乳脂状粪便

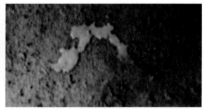

图2-8-2　排出黄色糊状或水样粪便，粪便腥臭

图2-8-3　排出白色或灰白色糊状、水样至乳脂状粪便，粪便腥臭

图2-8-4　粪便中携带凝乳块

## （四）剖检变化

剖检可见病变主要在消化道，胃壁弛缓，充满凝乳块和乳汁，肠管变薄（图2-8-5、图2-8-6），小肠壁薄呈半透明，内容物为液状，呈灰黄色或灰黑色（图2-8-7），小肠绒毛缩短，有时小肠出血，肠系淋巴结肿大（图2-8-8）。

图2-8-5 胃肠迟缓，小肠壁变薄

图2-8-6 胃内充满凝固乳块

图2-8-7 小肠壁变薄、松弛、膨胀半透明，内容物呈水样、黄色或灰白色液体

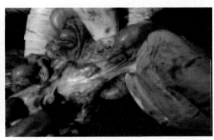

图2-8-8 肠系膜淋巴结变小且呈棕褐色

## （五）防治措施

治疗：目前无特效的治疗药物。发现立即停止喂乳，以葡萄盐水或复方葡萄糖溶液（葡萄糖43.20g、氯化钠9.20g、甘氨酸6.60g、柠檬酸0.52g、柠檬酸钾0.13g、无水磷酸钾4.35g，溶于2L水中即成）给病猪自由饮用。同时，进行对症治疗，如投用收敛止泻剂，使用抗菌药物，以防止继发细菌性感染。

预防：加强饲养管理，认真执行严格的兽医防疫措施，增强抵抗

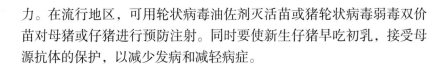

力。在流行地区，可用轮状病毒油佐剂灭活苗或猪轮状病毒弱毒双价苗对母猪或仔猪进行预防注射。同时要使新生仔猪早吃初乳，接受母源抗体的保护，以减少发病和减轻病症。

# 九、猪细小病毒病

## （一）简介

猪细小病毒病是由猪细小病毒引起的一种猪的繁殖障碍病。该病主要表现为胚胎和胎儿的感染和死亡，特别是初产母猪发生死胎、畸形胎和木乃伊胎，但母猪本身无明显的症状。

## （二）流行特点

各种不同年龄、性别的家猪和野猪均易感。传染源主要来自感染细小病毒的母猪和带毒的公猪，后备母猪比经产母猪易感染，病毒能通过胎盘垂直传播，而带毒母猪所产的猪可能带毒排毒时间更长甚至终生。感染种公猪也是该病最危险的传染源，可在公猪的精液、精索、附睾、性腺中分离到病毒，种公猪通过配种传染给易感母猪，并使该病传播扩散。

## （三）临床症状

猪群暴发此病时常与木乃伊胎、窝仔数减少、母猪难产和重复配种等临床表现有关。在怀孕早期 30~50 天感染，胚胎死亡或被吸收，使母猪不孕和不规则地反复发情。怀孕中期 50~60 天感染，胎儿死亡之后，形成木乃伊胎，怀孕后期 60~70 天的胎儿有自免疫能力，能够抵抗病毒感染，则大多数胎儿能存活下来，但可长期带毒。

## （四）剖检变化

病变主要在胎儿，剖检可见感染胎儿充血、水肿、出血、体腔积液、脱水（木乃伊化）及坏死等病变（图 2-9-1 至图 2-9-4）。

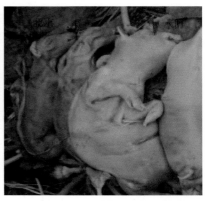

图2-9-1 多数初产母猪，同一时期内，有很多头流产、死胎、木乃伊胎

图2-9-2 不同阶段的胎儿，可见脱水、水肿、出血、充血

图2-9-3 感染的胎儿可见出血体腔积液

图2-9-4 胎衣钙化

## （五）防治措施

做好疫苗免疫工作，严格引种检疫，做好隔离饲养管理工作，对病死尸体及污物、场地，要严格消毒，做好无害化处理工作。

# 十、猪流行性乙型脑炎

## （一）简介

日本乙型脑炎又名流行性乙型脑炎，是由日本乙型脑炎病毒引起的一种急性人兽共患传染病。猪主要特征为高热、流产、死胎和公猪睾丸炎。

## （二）流行特点

乙型脑炎是自然疫源性疫病，许多动物感染后可成为本病的传染源，猪的感染最为普遍。本病主要通过蚊虫的叮咬进行传播，病毒能在蚊虫体内繁殖，并可越冬，经卵传递，成为次年感染动物的来源。由于经蚊虫传播，因而流行与蚊虫的滋生及活动有密切关系，有明显的季节性，80%的病例发生在7—9月。猪的发病年龄与性成熟有关，大多在6月龄左右发病，其特点是感染率高，发病率低(20%~30%)，死亡率低。新疫区发病率高，病情严重，以后逐年减轻，最后多呈无症状的带毒猪。

## （三）临床症状

猪只感染乙脑时，常出现体温升至40~41℃，稽留热，病猪精神萎靡，食欲减少或废绝，粪干呈球状，表面附着灰白色黏液；有的猪后肢呈轻度麻痹，步态不稳，关节肿大，跛行；有的病猪视力障碍，最后麻痹死亡。妊娠母猪突然发生流产，产出死胎、木乃伊胎或弱胎（图2-10-1），同胎也见正常胎儿。公猪除有一般症状外，常发生一侧性睾丸肿大，也有两侧性的，患病睾丸阴囊皱襞消失、发亮，有热痛感（图2-10-2），经3~5天肿胀消退，有的睾丸变小变硬，失去配种繁殖能力。如仅一侧发炎，仍有配种能力。

图2-10-1 母猪因木乃伊化在子宫内长期滞留，造成子宫内膜炎，最后导致欲减退，但精神和食欲变化不大

图2-10-2 公猪常发生一侧性睾丸肿大，性繁殖障碍

## （四）剖检变化

剖检可见流产胎儿脑水肿，皮下血样浸润，肌肉似水煮样，腹水

增多。木乃伊胎儿从拇指大小到正常大小（图2-10-3）；肝、脾、肾有坏死灶；全身淋巴结出血；肺淤血、水肿；子宫黏膜充血、出血和有黏液；胎盘水肿或见出血（图2-10-4）。公猪睾丸实质充血、出血和小坏死灶；睾丸硬化者，体积缩小，与阴囊粘连，实质结缔组织化。

图2-10-3　同胎仔猪区别较大　　　图2-10-4　胎衣水肿和出血

## （五）防治措施

无具体治疗方法，一旦确诊最好淘汰。做好死胎儿、胎盘及分泌物等的处理；驱灭蚊虫，注意消灭越冬蚊；在流行地区猪场，在蚊虫开始活动前1~2个月，对4月龄以上至两岁的公母猪，应用乙型脑炎弱毒疫苗进行预防注射，第二年加强免疫一次，免疫期可达3年，有较好的预防效果。

# 十一、猪流行性感冒

## （一）简介

猪流行性感冒是猪的一种急性、传染性呼吸器官疾病。其特征为突发，咳嗽，呼吸困难，发热及迅速转归。猪流感由甲型流感病毒（A型流感病毒）引发，通常暴发于猪之间。

## （二）流行特点

各个年龄、性别和品种的猪对本病毒都有易感性。本病的流行有明显的季节性，天气多变的秋末、早春和寒冷的冬季易发生。本病传播迅速，常呈地方性流行或大流行。本病发病率高，死亡率低（4%~10%）。病猪和带毒猪是猪流感的传染源，患病痊愈后猪带毒6~8周。

## （三）临床症状

该病潜伏期为2~7天，病程1周左右。病猪发病初期突然发热，精神不振，食欲减退或废绝，常横卧在一起，不愿活动，呼吸困难（图2-11-1、图2-11-2），剧烈咳嗽，眼鼻流出黏液（图2-11-3）。病猪体温升高达40~41.5℃，精神沉郁，食欲减退或不食，肌肉疼痛，不愿站立，眼和鼻有黏性液体流出，眼结膜充血（图2-11-4），个别病猪呼吸困难，喘气、咳嗽，呈腹式呼吸，有犬坐姿势，夜里可听到病猪哮喘声，个别病猪关节疼痛，尤其是膘情较好的猪发病较严重。如有继发感染，则病势加重，发生纤维素性出血性肺炎或肠炎。母猪在怀孕期感染，产下的仔猪在产后2~5天发病很重，有些在哺乳期及断奶前后死亡。

图2-11-1　突然全群发病，阵发性咳嗽，触摸肌肉有疼痛感，懒动

图2-11-2　恶寒怕冷，皮肤有"鸡皮疙瘩"，呼吸困难

图2-11-3　流鼻汁，前期浆液性，后期黏液性

图2-11-4　流泪、结膜潮红

## （四）剖检变化

剖检可见猪流感的病理变化主要在呼吸器官。鼻、咽、喉、气管和支气管的黏膜充血、肿胀，表面覆有黏稠的液体，支气管内充满泡沫样渗出液。胸腔、心包腔蓄积大量混有纤维素的浆液。肺脏的病变常发生于尖叶、心叶、叶间叶、膈叶的背部与基底部，与周围组织有明显的界限，颜色由红至紫、塌陷、坚实、韧度似皮革（图2-11-5），脾脏肿大，颈部淋巴结、纵膈淋巴结、支气管淋巴结肿大多汁。

图2-11-5　呈扇形分布的肺炎灶

## （五）防治措施

无特效治疗药物，一般采取对症治疗方法。

（1）肌内注射板蓝根注射液＋林可霉素。柴胡或大青叶＋卡那霉素或青、链霉素治疗。

（2）中药处方：柴胡、茯苓、薄荷、菊花、紫苏、防风、陈皮，水煎服，每天一剂。

# 十二、猪水疱病

## （一）简介

猪水疱病是由猪水疱病毒引起猪的一种接触传染性的病毒病，其特征为病猪蹄部间或鼻端皮肤和口腔、舌面黏膜形成水疱或烂斑，其临床症状不能与口蹄疫、水疱性口炎和猪水疱疹相区别。猪水疱病的发生无明显季节性，一般夏季少发。多发于猪只集中的场所。不同品种不同年龄的猪均易感。

## （二）临床症状

首先观察到的是猪群中个别猪发生跛行，在硬质地面上行走则较明显，并且常弓背行走，有疼痛反应，或卧地不起，体格越大的猪越明显。体温一般上升 2~4℃（图 2-12-1）。损伤一般发生在蹄冠部、蹄叉间，可能是单蹄发病，也可能多蹄都发病。皮肤出现水疱与破溃，并可扩展到蹄底部，有的伴有蹄壳松动，甚至脱壳。水疱及继发性溃疡也可能发生在鼻镜部、口腔上皮、舌及乳头上（图 2-12-2）。一般接触感染经 2~4 天的潜伏期出现原发性水疱，5~6 天出现继发性水疱（图 2-12-3）。接种感染 2 天之内即可发病。猪一般 3 周即可恢复到正常状态。

图2-12-1　发病猪体温升高，40.5℃或更高。进而上皮变白，水疱成，脚、乳头、四肢、趾间、眼睑及冠状带脱落后，留下糜烂病变

图2-12-2　水疱主要在口腔、鼻腔黏膜周围

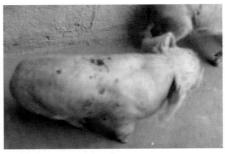

图2-12-3　水疱破裂后会产生黏液、出现糜烂，充血，出血

## （三）剖检变化

水疱性损伤是猪水疱病最典型和具代表性的病理变化。特征性病

变在蹄部、鼻盘、唇、舌面，有时在乳房出现水疱。个别病例在心内膜有条状出血斑，其他脏器无可见的病理变化。组织学变化为非化脓性脑膜炎和脑脊髓炎病变，大脑中部病变较背部严重。脑膜含大量淋巴细胞，血管嵌边明显，多数为网状组织细胞，少数为淋巴细胞和嗜伊红细胞。脑灰质和白质发现软化病灶。

## （四）防治措施

用猪水疱病高免血清和康复血清进行被动免疫有良好效果，免疫期达 1 个月以上。应用乳鼠化弱毒疫苗和细胞培养弱毒疫苗，对猪免疫，其保护率达 80% 以上，免疫期 6 个月以上。用水疱皮和仓鼠传代毒制成灭活苗有良好免疫效果，保护率达 75%~100%。本病目前尚无特效治疗药物。

# 十三、猪狂犬病

## （一）简介

猪狂犬病是由弹状病毒引起的一种急性人畜共患传染病，亦称"恐水症"，俗称"疯狗病"。其临床特征为兴奋和意识障碍，继之出现局部或全身麻痹而死。该病的主要贮存宿主是犬、野生食肉动物、土拨鼠以及蝙蝠等。该病遍及世界许多国家，一般呈现零星散发，病死率极高。

## （二）临床症状

发病猪的典型症状为突然发病，共济失调，横冲直撞，然后卧地不起（图 2-13-1、图 2-13-2），衰竭，不停地咀嚼、流涎，并伴有阵性肌肉痉挛，叫声嘶哑，偶尔攻击人和畜，对外界反应迟钝。有时存在狂犬病病毒抗体却无临床表现。

## （三）剖检变化

本病常无特征性肉眼病理变化。一般表现尸体消瘦，血液浓稠，凝固不良。口腔黏膜和舌黏膜常见糜烂和溃疡。胃内常有毛发、石块、泥土和玻璃碎片等异物，胃黏膜充血、出血或溃疡。脑水肿，脑膜和脑实质的小血管充血，并常见点状出血。

图2-13-1 共济失调，转圈、抽搐，四肢麻痹，呼吸迫促，闭目张口呼吸，最后死亡

图2-13-2 患猪啃咬异物，造成牙龈出血

## （四）防治措施

加强动物检疫，控制传染源。对所有犬、猫进行狂犬病疫苗预防接种。在狂犬病疫区，应加强狗、猫的管理，特别是对猪群加强管理，防止被狂犬病动物咬伤。目前该病无有效治疗方法。猪被患狂犬病的动物咬伤后，应立即扑杀销毁，并进行无害化处理。有经济价值的品种，必须进行治疗的，应迅速用20%肥皂水反复冲洗伤口，再用大量凉开水反复冲洗后，局部用70%的酒精或3%碘酊处理伤口，立即注射抗狂犬病高免血清，同时进行狂犬病疫苗预防接种。

# 十四、猪痘

## （一）简介

猪痘是由猪痘病毒引起的一种接触性传染病。该病毒只能在猪源组织细胞内增殖，并在细胞胞浆内形成空疱和包涵体。皮肤损伤是猪痘感染的必要条件。该病以皮肤，偶尔黏膜发生痘疹和结痂为特征。

## （二）流行特点

猪痘多发生于 4~6 周龄的仔猪，成年猪有抵抗力。该病呈地方流行性，一年四季均可发生，多见于温暖季节。猪痘病毒只能感染猪。架子猪，特别是仔猪发病率可达 100%。本病的传播方式主要由猪血虱、蚊、蝇等体外寄生虫传播。主要经损伤的皮肤或黏膜感染，也可经呼吸道、消化道传染。

## （三）临床症状

病初体温升高至 41.5℃左右，精神不振，食欲减退，不愿行走，瘙痒，少数猪的鼻、眼有分泌物。从发红斑点发展为丘疹再到水疱到脓疱或形成硬皮。整个全过程 3~4 周。受感的幼龄猪比成年猪的表现要严重。痘疹可出现皮肤任何部位（图 2-14-1）。局部贫血呈黄色，脓疱很快结痂，呈棕黄色痂块，痂块脱落后呈无色的小白斑。痘疹中心凹陷，周围组织肿胀，似火山口或肚脐状（图 2-14-2）。

图2-14-1　遍布全身的痘疹

图2-14-2　中间凹陷如肚脐

## （四）剖检变化

肉眼病变就是临床所见，组织学可见到：上皮细胞坏死，在真皮和表皮上皮出现嗜中性白细胞和巨噬细胞。

## （五）防治措施

猪痘无特效疗法，加强饲养管理，搞好卫生，做好猪舍的消毒与驱蝇灭虱工作。防止皮肤损伤，对栏圈的尖锐物及时清除，避免刺伤和划伤，同时应防止猪只咬斗，肥育猪原窝饲养可减少咬斗。对体温升高的病猪，可用青霉素、链霉素、安乃近或安痛定等控制细菌性感染；在患处涂擦碘酊、甲紫溶液，或用0.1%高锰酸钾喷雾洗刷猪体。

# 第三章

# 猪细菌性疾病

## 一、猪链球菌病

### （一）简介

猪链球菌病是由致病性猪链球菌感染引起的一种人畜共患病。猪链球菌是猪的一种常见和重要病原体，可引起急性败血症、脑膜炎、心内膜炎、关节炎和淋巴结脓肿。

### （二）流行特点

一年四季均可发生，但5—11月发生较多，蚊、蝇在本病传播中起到积极作用。病猪和带菌猪是主要传染源，该病可经呼吸道、生殖道、消化道以及外伤感染。仔猪、架子猪发病率高，传播速度很快，短期波及全群。发病率和死亡率很高，常为地方流行性。

### （三）临床症状

病猪在临床上表现败血性、脑膜炎、关节炎和淋巴性脓肿。最急性病例病猪未出现临床症状可能突然死亡。急性败血型：病猪体温高达41~43℃，精神沉郁，食欲废绝。眼结膜充血（图3-1-1），流泪，流鼻液，有的有咳嗽和呼吸困

图3-1-1 眼结膜充血

难症状。耳、颈、腹下皮肤淤血发绀，腹下、后躯紫红色斑块呈"刮痧状"（图3-1-2）。关节肿大或跛行（图3-1-3）。等到爬行或不能站立时，就很快死亡。神经症状主要表现为转圈、磨牙、空嚼、抽搐倒地，四肢划动，继而衰竭或麻痹（图3-1-4）。个别病猪濒死前，天然孔流出暗红血液。淋巴结脓肿型：可见颌下、腹股沟淋巴结脓肿（图3-1-5）。

图3-1-2　急性败血型：病猪体温高达41~43℃，耳、颈、腹下皮肤淤血发绀，关节肿大和跛行

图3-1-3　关节炎型跛行或站立困难

图3-1-4　脑炎型运动失调，游泳状运动及痉挛

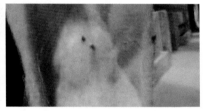

图3-1-5　淋巴结脓肿

## （四）剖检变化

病猪表现全身各器官充血、出血，肺、淋巴结、关节有化脓灶，鼻、气管、胃、小肠黏膜充血及出血，胸腔、腹腔和心包腔积液，并有纤维素性渗出物，脾脏明显肿大，有的可达到1~3倍，暗红色（图3-1-6）。肾肿大，有出血斑点，肝肿大，质硬。脑膜和脊髓软膜充血或出血（图3-1-7），心内膜炎，心瓣膜上的疣状赘生物病变呈菜花样。链球菌心内膜炎和关节炎病变症状类似于猪丹毒（图3-1-8）。

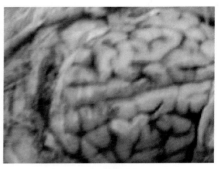

图3-1-6　脾脏肿大、蓝紫色　　　　图3-1-7　脑膜充血或出血

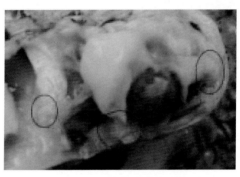

图3-1-8　关节腔脓性液体

## （五）防治措施

保持猪舍清洁干燥，定期消毒，患猪用青、链霉素，四环素，磺胺类药物均可。给病猪肌注抗菌药、抗炎药（如地塞米松），经口给药无效；青霉素每千克体重5万U，每日2次，连用3天；磺胺嘧啶是治疗链球菌性脑膜炎的首选药物。治疗时要延长治疗周期，一般用药应不低于1周。

# 二、猪副嗜血杆菌病

## （一）简介

猪副嗜血杆菌病是由猪副嗜血杆菌引起的以猪多发性浆膜炎和关节炎为特征的一种传染病。主要表现为猪的浆液性或纤维素性多发性浆膜炎、关节炎和脑膜炎，也可表现为肺炎、败血症和猝死。病菌广泛存在于自然环境中，病猪和带毒猪是该病的传染源，健康猪鼻腔、咽喉等上呼吸道黏膜上也常有病菌存在，属于一种条件性常在菌，天气恶劣、长途运输、疾病等不利因素出现时，猪副嗜血杆菌就会乘虚而入。从 2 周龄到 4 月龄的猪均易感，通常见于 5~8 周龄的猪，主要在保育阶段发病。病死率一般为 30%~40%，死亡率 10% 左右。该病主要通过呼吸道、消化道传播，无明显季节性。猪的呼吸道疾病，如支原体肺炎、猪繁殖与呼吸道综合征和猪圆环病毒感染等发生时，猪副嗜血杆菌的混合感染可加剧疾病的临床表现。

## （二）临床症状

急性病例，不出现临床症状即突然死亡，死后，全身皮肤发白色或红白相间，约有 50% 的急性死亡猪出现程度不等的腹胀，个别猪鼻孔有血液流出。一般病例体温升高 (40.5~41.0℃)，有时可能只出现短暂发热，食欲不振，厌食，反应迟钝，呼吸困难，心跳加快，耳梢发紫，眼睑水肿。保育猪和育肥猪，一般为慢性经过，食欲下降，生长不良，咳嗽，呼吸困难，被毛粗乱，皮肤发红或苍白，消瘦衰弱。四肢无力，特别是后肢尤为明显（图 3-2-1），关节肿胀，出现跛行，多见于腕关节和跗关节（图 3-2-2），少数病例出现脑炎症状，震颤、角弓反张，四肢游泳状划动。部分病猪鼻孔有浆液性或黏液性分泌物。哺乳母猪跛行以及母性行为极端弱化。也可见妊娠母猪流产，后备母猪常表现为跛行、僵直、关节和肌腱处轻微肿胀；公猪跛行。

图3-2-1 四肢无力、特别是后肢尤为明显出现跛行

图3-2-2 关节肿胀，有的仔猪尾根部有坏死

## （三）剖检变化

败血症损伤主要表现发绀、皮下水肿和肺水肿，乃至死亡。在肝、肾和脑膜上形成淤血点和淤血斑。胸、腹腔出现似鸡蛋花状纤维素性炎症（图3-2-3）。剖检时，一般病例，胸腔积液（图3-2-4），肝周炎、心包炎、腹膜炎。较慢性病例可见心脏与心包膜粘连（图3-2-5）；肺与胸壁、心脏粘连，部分出现腹腔

图3-2-3 腹腔脏器粘连，并有"蛋花"状纤维素炎症附着

积液或腹腔脏器粘连（图3-2-6）。急性败血死亡病例表现皮肤发绀、皮下水肿和肺水肿，肝、肾和脑等器官表面有出血斑（点）。急性死亡病例，大多肉眼看不到典型的鸡蛋花状凝块（图3-2-7），但仔细观察腹腔有少量的、似蜘蛛网状纤细条索，这在诊断急性副嗜血杆菌病死亡病例当中，有相当重要的价值。此外，猪副嗜血杆菌还可能引起筋膜炎和肌炎以及化脓性鼻炎等。

图3-2-4 胸腹腔积液

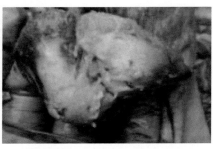

图3-2-5 心肌表面纤维素炎症
（绒毛心）

## （四）防治措施

发现有猪出现临床症状，应立即对整个猪群投服大剂量抗生素药物治疗和对未发病猪进行预防，对已经发病猪特别是形成纤维素渗出物病变，治疗是困难的。大多数血清型的猪副嗜血杆菌对头孢菌

素、庆大霉素、替米考星以及喹诺酮类等药物敏感。发病猪用药适当加大剂量。

图3-2-6　肺可见萎缩，表面附有纤　图3-2-7　胃、脾脏均有"蛋花"状
　　　　　维素炎症　　　　　　　　　　　　　　纤维素炎症附着

（1）青霉素肌内注射，每次5万IU/kg，每天2次，连用5天。

（2）庆大霉素注射液肌内注射，每次4mg/kg，每天肌注2次，连用5天。

（3）大群猪口服阿莫西林粉，每日2次，连用一周。

（4）在应用抗生素治疗的同时，口服纤维素溶解酶，可快速清除纤维素性渗出物，缓解症状，控制猪群死亡率。

# 三、猪传染性胸膜肺炎

## （一）简介

　　猪传染性胸膜肺炎又称坏死性胸膜肺炎，是由胸膜肺炎放线杆菌引起的一种急性接触性呼吸道传染病，各种年龄的猪对本病均易感，其中2~4月龄、体重在30~60kg的猪多发。以急性出血性纤维素性肺炎和慢性纤维素性坏死性胸膜炎为主要特征，急性期死亡率很高，慢性者耐过，与毒力及环境因素有关，还与其他疾病的存在有关，如蓝耳病、圆环病毒病、伪狂犬病等。其典型病理变化为两侧性肺炎，胸膜粘连。传播途径主要是通过猪与猪的直接接触或通过短距离的飞沫传播。本病一年四季均可发生，但多发生于4—5月和9—11月。

## （二）临床症状

最急性型：同栏或不同栏的一头或数头猪突然发病，病程短，死亡快。体温升高达41℃。患猪表情漠然，食欲废绝，有短期的下痢和呕吐，站立时可能看不到明显的呼吸症状。病死猪的双耳、腹部、四肢皮肤发绀，濒死前口鼻流出含有浅血色的泡沫液体（图3-3-1）。初生猪则为败血症致死，偶有突然倒地死亡猪。

图3-3-1 极度的呼吸困难，口鼻周围含有血的泡沫液

急性型：不同栏或同栏的许多猪只同时感染发高烧，拒食及精神不振，发病较急，体温升高至40~41.5℃，呼吸极度困难，咳嗽，常站立或犬坐而不愿卧地，张口伸舌，鼻盘和耳尖、四肢皮肤发绀。如不及时治疗，常于1~2天内窒息死亡。若病初临床症状比较缓和，能耐过4天以上者，临床症状逐步减轻，常能自行康复或转为慢性。

亚急性型和慢性型：发生在急性症状消失之后，临床症状较轻，一般表现为体温升高，食欲减少、精神沉郁、不愿走动、喜卧地。呈间歇性咳嗽，消瘦，生长缓慢，若混合感染巴氏杆菌或支原体时，则病程恶化，病死率明显增加。

## （三）剖检变化

眼观病理变化主要见于呼吸道。急性死亡病例，仅见于肺炎变化，表现为两侧肺呈紫红色，肺和胸膜粘连。心脏和膈膜可见损伤。肉眼可观的病变主要在呼吸道，胸腔积液和纤维素性胸膜炎（图3-3-2）。肺充血、出

图3-3-2 胸膜出血并有黄白色纤维素性物附着

血。气管、支气管中充满泡沫状、血性黏液及黏膜渗出物。

急性：喉头充满血样液体，双侧性肺炎，常在心叶、尖叶和膈叶出现病灶，病灶区呈紫红色，坚实，轮廓清晰，肺间质积留血色胶样液体。切面肺质如肝脏，间质充满血色胶样液体（图3-3-3），肺早期损伤颜色黑红，感染最严重处肺硬化（图3-3-4），随着时间推移，损伤部位缩小，直到转为慢性，形成大小不同的结节。

慢性：有的慢性病例在膈叶上有大小不一的脓肿样结节（图3-3-5）。胸腔积液，胸膜表面覆有淡黄色渗出物。病程较长时，可见硬实的肺炎区，肺炎病灶稍凸出表面，常与胸膜发生粘连，肺尖区表面有结缔组织化的粘连附着物（图3-3-6）。

图3-3-3 间质充满血色胶样液体

图3-3-4 肺颜色紫红"大理石"状花纹，最严重处肺硬化（肝变）

图3-3-5 慢性形成大小不同的结节

图3-3-6 肺表面纤维素炎症

## （四）防治措施

本病临床治疗效果不明显。可以通过饲养管理、消毒、疫苗免疫以及治疗等多方面联合进行防控。感染最初阶段，抗生素的使用是有效的，但有效的治疗是建立在早发现、早诊断和快速且有效的治疗上。在严重感染的病例，病损严重，即使经过很好的治疗和护理也很难恢复。

（1）饲料中拌支原净、强力霉素或氟甲砜霉素，连续用药 5~7 天，有较好的疗效。

（2）硫酸阿米卡星注射液，肌内注射或静脉滴注。每 50kg 体重 1.5~2.5g，每日 2 次，连用 4 天。

（3）氟甲砜霉素肌内注射或胸腔注射，每日一次，连用 3 天以上。

（4）肌内注射青霉素，3 万 ~5 万 IU/kg 体重，每日 2 次，连用 3~5 天。

# 四、猪气喘病

## （一）简介

猪气喘病是由猪肺炎支原体引起的慢性、接触性传染病，是一种慢性呼吸道传染病。在猪群中可造成地方性流行。不同年龄猪均易感，其中乳猪和断奶仔猪易感性高，其次是怀孕后期和哺乳的母猪。传染途径主要通过呼吸道，该病一年四季都可发生，在寒冷、多雨、潮湿或气候骤变时较为多见。发病率高，致死率低。本病的潜伏期较长，有更多的猪群在不知不觉中受感染，致使本病常存在于猪群中。一旦传入猪群，如不采取严密措施，很难彻底消灭。

## （二）临床症状

病猪精神不振，头下垂，站立一隅，趴伏在地（图 3-4-1），呼吸次数剧增，每分钟达 60~120 次，有明显腹式呼吸，有时有痉挛性阵咳。若无继发感染，病猪体温一般正常。病程 1~2 周，急性病例病死率可达 10~30%。慢性型常见于老疫区的架子猪、育肥猪和后备母猪。病猪主要症状为咳嗽，以清晨、喂食前后和剧烈运动时最为明显，重者发生连续的痉挛性咳嗽（图3-4-2）。症状随营养、卫生和环境等外界条件的变化时轻时重。病程 2~3 个月，甚至长达半年以上，病猪消瘦、衰弱，生长发育不良。病猪最易发生继发感染，是造成猪群死亡的主要诱因。

图3-4-1 呼吸增快呈腹式呼吸，犬坐姿势

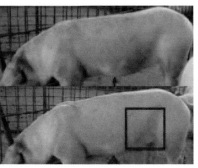

图3-4-2 气喘病呼吸变化（一头猪胸腹部呼吸变动）

## （三）剖检变化

急性病例，肺有不同程度的水肿和气肿（图3-4-3），心叶、尖叶、中间叶病变明显，切面呈鲜肉样外观即肉样变。由于实变的颜色像肌肉、胰腺或虾肉，称之为肉变、胰变或虾肉样变（图 3-4-4）。以小叶性肺炎和肺门淋巴结及纵膈淋巴

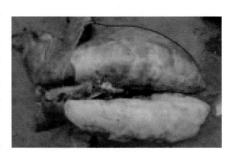

图3-4-3 典型的对称样病变

结显著肿胀等特征。随着病情的发展，肺前下部两侧对称，外观呈界限分明的虾肉样实变。气管断端有含血的泡沫状液体。肺门和纵膈淋巴结髓样肿大（图3-4-5）。

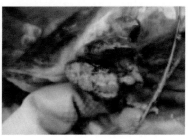

图3-4-4 肺水肿　　　　　　图3-4-5 肺门淋巴结出血水肿

## （四）防治措施

（1）采取综合性防治措施，以药物预防为主，免疫与生物安全措施配合，坚持自繁自养的原则，必须引进种猪时，在隔离区饲养3个月以上，并经检疫证明无阳性，方可混群饲养。

（2）加强饲养管理，保持猪群合理、均衡的营养水平，加强消毒，保持栏舍清洁、干燥通风、降低饲养密度，减少各种应激因素，对控制本病有着重要的作用。

（3）每吨饲料中添加200g金霉素或250g林可霉素，连续使用3周可有预防猪喘气病的作用，也可用泰妙菌素拌料给药，连用5~7天。

（4）肌内注射林可霉素按每千克体重4万IU肌注，每天2次，连续5天为一疗程，必要时进行2~3个疗程。用替米考星、泰乐菌素也可收到良好效果。

（5）如果想要净化气喘病，通过在严格消毒下剖腹取胎，并在严格隔离条件下人工哺乳，培育和建立无特定病原猪群，以新培育的健康母猪取代原来的母猪；采取综合性措施，净化猪场，逐步使疫场变成无喘气病的健康猪场。

# 五、猪大肠杆菌病

## （一）简介

猪大肠杆菌病是由病原性大肠杆菌引起的仔猪肠道传染性疾

病。常见的有仔猪水肿病、仔猪白痢和仔猪黄痢3种,以发生肠炎、肠毒血症、败血症、组织器官炎症为特征。幼龄动物未及时吸吮初乳,饥饿或过饱,饲料不良、配比不当或突然改变,气候剧变等易于诱发本病。

## (二)流行特点

仔猪水肿病:由溶血性大肠杆菌毒素所引起的断奶仔猪眼睑或其他部位水肿、神经症状为主要特征的疾病,也称猪胃肠水肿或仔猪蛋白质中毒病。主要发生于断奶至4月龄的仔猪,与饲料或饲养方法改变有关,特别是喂给大量含豆类高蛋白饲料等有关。生长速度快的仔猪易发,发病率10%~50%,病死率可达90%以上。本病一年四季均可发生,多见于春季的4—5月和秋季的9—10月。

仔猪黄痢:又称早发性大肠杆菌病,是一种急性、高度致死性的疾病。多发于1~3日龄仔猪,7日龄以上少发。临床上以剧烈腹泻、排黄色水样稀便、迅速死亡为特征。寒冬和炎夏潮湿多雨季节发病严重。

仔猪白痢:由大肠杆菌引起的10~30日龄仔猪发生的消化道传染病。临床上以排乳白、灰白或黄绿色粥样稀便为主要特征,一窝中有1头下痢,同窝仔猪可陆续发病,发病率可达100%,致死率达20%以上。

## (三)临床症状

仔猪水肿病:急性病例,突然出现神经症状:步态不稳、惊厥、四肢划动、叫声嘶哑、共济失调,转圈、或后退、抽搐,四肢麻痹,呼吸迫促,闭目张口呼吸(图3-5-1),最后死亡,死后皮肤颜色大多正常,有的皮肤出现淤血现象,表现腹胀。一般病例,体温正常,精神不振,食欲减退或废绝。初期表现腹泻或便秘,1~2天后病程突然加剧。病猪头颈部、眼睑、结膜等部位出现明显的水肿(图3-5-2)。共济失调并伴有不同程度的痴呆,很快死亡。

图3-5-1 共济失调,呼吸迫促,闭目张口呼吸

图3-5-2 初期可表现呆立,眼睑水肿,很快四肢步履蹒跚

仔猪黄痢:发病猪突然拉稀,消瘦,严重脱水,1~2天内死亡。表现为窝发:第一头猪拉稀后,1~2天内便传至全窝。排出黄色浆状稀粪,内含凝乳片,顺肛门流下(图3-5-3)。有时粪便过于清稀,以致大体看上去没有腹泻粪便,仔细查看病猪会阴部,方可看到。稀便含有未消化的凝乳块

图3-5-3 患病仔猪的黄色下痢

(图3-5-4、图3-5-5)。病猪口渴、脱水、肌肉松弛、眼睛无光、反应迟钝、皮肤蓝灰色、皮质枯燥、代谢性酸中毒。严重时出现呕吐现象,最后昏迷死亡。有的病例在尚未出现腹泻时就死亡。

图3-5-4 粪便黄色水样或糊状

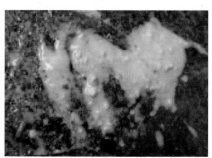

图3-5-5 粪便黄色水样或糊状,含有未消化的凝乳块

仔猪白痢：尚未断奶的一月龄以内哺乳仔猪发病，特别是10~30日龄的仔猪。发病仔猪体温一般正常，精神采食尚可（图3-5-6），只是排灰白色、味腥臭、浆糊状或水样稀便（图3-5-7）。病程一周左右，多数可不治自愈。

图3-5-6 尚未断奶1月龄以内哺乳仔猪发病，发病仔猪体温一般正常，精神采食尚可，稀便

图3-5-7 排灰白色、味腥臭、浆糊状或水样

## （四）剖检变化

仔猪水肿病：胃壁和肠系膜呈胶冻样水肿是本病的特征。胃壁水肿常见于大弯部和贲门部。胃黏膜层和肌层之间有一层胶冻样水肿。胃、肠黏膜呈弥漫性出血。大肠系膜水肿（图3-5-8）。喉头、气管、肺淤血水肿。心包腔、胸腔和腹腔有大量积液。肾淤血水肿呈暗紫色，肾包膜水肿。肠系膜及淋巴结有水肿和充血、出血（图3-5-9）。

图3-5-8 结肠及肠系膜水肿

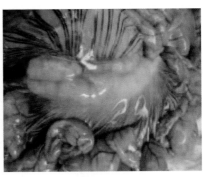

图3-5-9 小肠系膜及系膜淋巴结水肿

　　仔猪黄痢：病猪剖检常有肠炎和败血症，有的无明显病理变化。主要病变为急性卡他性炎症，小肠气肿，充血，充满黄色稀便。十二指肠的急性卡他性炎症，表现为黏膜肿胀、充血或出血。肠内容物黄红色（图3-5-10），混有乳汁凝块；空肠、回肠病变较轻，肠腔扩张，明显积气；肠壁和肠系膜常有水肿。胃膨大，含有未消化的凝乳块（图3-5-11）。颌下、腹股沟、肠系膜淋巴结肿大、充血和出血，内含黄色带气泡的液体。心、肝、肾有小出血点，肝、肾常见凝固性小坏死灶。

图3-5-10　急性卡他性炎症，表现为黏膜肿胀、充血或出血，内含黄色带气泡的液体

图3-5-11　胃膨大，含有未消化的凝乳块

　　仔猪白痢：病猪肠腔中充满水样粪便，胃肠黏膜充血，肠系膜淋巴结充血、水肿。以胃肠卡他性炎症为特征。胃内含多量凝乳块，黏膜卡他性炎症（图3-5-12）。小肠扩张充气，肠壁变薄，肠黏膜卡他性炎症，含黄白酸臭液体(图3-5-13)。

图3-5-12　胃内含多量凝乳块，黏膜卡他性炎症

图3-5-13　小肠扩张充气，肠壁变薄，肠黏膜卡他性炎症，含黄白酸臭液体，肠系膜淋巴结水肿

## （五）防治措施

仔猪水肿病：

（1）补硒。缺硒地区每头仔猪断奶前补硒。合理搭配日粮，防止饲料中蛋白含量过高，适当搭配某些青绿饲料。

（2）静脉注射50%葡萄糖（40ml）+20%磺胺嘧啶钠注射液（10ml），15kg体重用，一次静脉注射，一日一次，连用3天，同时肌内注射适量速尿注射液。

（3）10%葡萄糖酸钙注射液10ml，40%乌洛托品注射液，一次静脉注射，一日一次，连用3次。同时可配合轻泻药物进行治疗效果更佳。

仔猪黄痢：产房要严格消毒，保持产房干燥和无贼风侵袭。母猪产前用0.1%高锰酸钾溶液洗涤母猪乳头，免得初生仔猪开乳时就感染大肠杆菌。圈舍用生石灰消毒，注意保持猪舍环境清洁、干燥，尽可能安排母猪在春季或秋天天气温暖干燥时产仔，以减少发病。出现症状时再治疗，往往效果不佳。在发现1头病猪后，立即对与病猪接触过的未发病仔猪进行药物预防，疗效较好。大肠杆菌易产生抗药菌株，宜交替用药，如果条件允许，最好先做药敏性试验后再选择用药。

（1）仔猪出生后口服痢菌净，预防效果较好。

（2）患猪肌内注射氧氟沙星注射液0.3~0.4 mg/kg。

（3）庆大霉素注射液，肌注或口服每头1.5万IU，每天1次，连用3天。

仔猪白痢：及时清除粪尿和污物，保持猪舍良好的卫生环境和舍内温度。给母猪提供营养全面的饲料，有条件的可喂些青绿多汁饲料。对于初产母猪，做好预防接种，建议使用大肠杆菌六价苗预防接种。早期及时治疗治疗白痢药物和方法较多，要因地、因时而选用。如白龙散、大蒜液、矽炭银、活性炭和促菌生。庆大霉素、氟苯尼考以及喹诺酮类药物均可使用，有条件的最好做药敏试验。应用抗生素治疗仍有腹泻的，可采用收敛、止泻、助消化药物。

# 六、猪丹毒

## （一）简介

猪丹毒也叫"钻石皮肤病"或"红热病"，是由红斑丹毒丝菌引起的一种急性、热性传染病。急性猪丹毒的特征为败血症和突然死亡。亚急性猪丹毒患猪的皮肤则可能出现红色疹块。慢性型表现非化脓性关节炎和疣性心内膜炎。该病主要发生于架子猪，哺乳猪和成年猪发病较少。呈地方流行，一年四季都有发生，但主要发生于炎热的夏季。

## （二）临床症状

急性病例：个别猪突然发病死亡。体温升至42℃以上并稽留，用退热药后，有的病猪病症很快减轻，经过一天左右的时间，如不能及时针对病因治疗，病情很快变坏，且皮肤出现紫黑色连片斑块（图3-6-1至图3-6-3）。虚弱，常卧地不动，行走时步态僵硬或跛行，似有疼痛，强行驱赶时或接近时，立即走开或短暂站立，有的可能出现尖叫声，表现烦躁和愤怒。一旦解除驱赶，很快又卧下。在站立时，四肢紧靠，头下垂，背弓起。减食或食欲废绝。大猪和老龄猪粪便干硬，而小猪表现腹泻。有时可见耳部和下肢肿胀，鼻部肿胀可引起喘息声。严重者脉搏纤细增快，呼吸困难，黏膜发绀，很快死亡。怀孕母猪可发生流产。可能在见到或触到疹块病变前病猪就死亡。哺乳仔猪和刚断奶小猪，一般突然发病，表现神经症状，抽搐，倒地而死，病程不超过一天。

亚急性（疹块型）：体温41℃以上，败血症症状轻微。其特征是颈、背、胸、臀及四肢外侧出现多少不等疹块（图3-6-4）。疹块方形、菱形或圆形，稍凸于皮肤表面，紫红色，稍硬，俗称"打火印"或"鬼打印"，通常为良性经过（图3-6-5、图3-6-6）。疹块出现1~2日体温逐渐恢复，经1~2周痊愈。

慢性型：急性或亚急性猪丹毒耐过后常转变成慢性型，以跛行和皮肤坏死为特征。浆液性纤维素性关节炎、疣状心内膜炎和皮肤坏死。皮肤坏死一般单独发生，而浆液性纤维素性关节炎和疣状心内膜炎常在一头病猪身上同时存在。皮肤结节坏死并且发黑，表皮坏死增厚似结痂"盔甲"状。耳尖也可能烂掉。关节疼痛和发热，随后变成肿胀和僵硬。心内膜炎，往往引起心脏杂音，突然衰竭而死。消瘦、贫血。

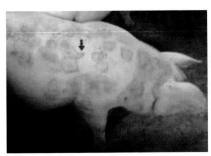

图3-6-1 发病猪皮肤疹块

图3-6-2 表皮坏死增厚结痂似"盔甲"状

图3-6-3 病猪喜躺卧，周身布满"盔甲"状结痂

图3-6-4 皮肤呈凸起的红色或黑红色区域，多见于耳后、颈下、背、胸腹下部及四肢内侧，后淤血发紫

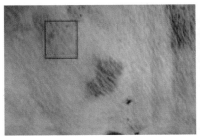

图3-6-5 初期疹块红色，继而颜色紫红或紫黑色

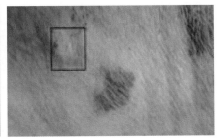

图3-6-6 此图是图3-6-2红色疹块指压褪色

## （三）剖检变化

急性猪丹毒：呈全身败血症变化，以肾、脾肿大及体表皮肤出现红斑为特征。皮肤弥漫性出血，特别是口鼻部、耳、下颚、喉部、腹部和大腿的皮肤。肺脏充血和水肿，心内、外膜有出血点。胃、十二指肠、空肠黏膜出血。肝脏充血。脾明显肿胀，呈樱桃红色是典型特征性病变。肾皮质部有斑点状出血，呈花斑状，被膜易剥离，由于急性出血性肾小球肾炎使其外观呈弥漫性暗红色，故有"大红肾"之称。全身淋巴结发红肿大，切面多汁呈浆液性出血性炎症。

亚急性型：以皮肤、颈部、背部、腹侧部疹块为特征。

慢性猪丹毒：主要病变是增生性、非化脓性关节炎，关节肿胀。疣状心内膜炎，常为瓣膜溃疡或菜花样疣状赘生物，它是由肉芽组织和纤维素性凝块组成的。

## （四）防治措施

病初可皮下或耳静脉注射抗猪丹毒高免血清，效果良好。在发病后 24~36 小时内用抗生素治疗也有显著疗效。首选青霉素类药，并且加大剂量，每千克体重 5 万 IU，肌内注射，每天 2 次，不宜停药过早，以防复发或转为慢性。链霉素、土霉素、林可霉素、泰乐菌素也有良好的疗效。全群投药，可用阿莫西林粉拌料或饮水。

# 七、猪传染性萎缩性鼻炎

## （一）简介

猪传染性萎缩性鼻炎是一种由支气管败血波氏杆菌（主要是 D 型）和产毒素多杀巴氏杆菌（C 型）引起的猪呼吸道慢性传染病，也称鼻甲骨萎缩病，其特征为鼻炎，颜面部变形，鼻甲骨尤其是鼻甲骨下卷曲发生萎缩和生长迟缓。现在该病被分为两种：一种是非进行性萎缩性鼻炎，主要是由产毒素的支气管败血波氏杆菌引起；另一种是进行性萎缩性鼻炎，主要由多杀性巴氏杆菌引起。有时也可能是由支气管败血波氏杆菌和产毒素的多杀性巴氏杆菌共同所致。两种病原都能引起鼻甲骨萎缩或外观面部变形，在此合并叙述。该病常发生于2~5月龄的猪。在猪与猪之间传播，多为散发或地方流行性。

## （二）临床症状

支气管败血波氏杆菌：体温正常，打喷嚏，鼻塞、鼻炎，有时伴有黏液、脓性鼻分泌物，呈连续或断续性发生，呼吸有鼾声。鼻汁中含黏液脓性渗出物（图3-7-1）。猪群中出现持续的鼻甲骨萎缩。大猪只产生轻微症状或无症状。由于鼻泪管阻塞，常流泪，被尘土沾污后在眼角下形成黑色痕迹。鼻腔内有大量黏稠脓性甚至干酪性渗出物（图3-7-2）。

图3-7-1　初期鼻塞造成吸气性呼吸困难

图3-7-2　鼻泪管阻塞，常流泪，被尘土沾污后在眼角下形成黑色痕迹，鼻腔大量黏稠脓渗出物

多杀性巴氏杆菌：临床症状一般多在4~12周龄猪才见到。猪只常因鼻类刺激黏膜表现不安定，用前肢搔抓鼻部，或鼻端拱地，或在猪圈墙壁、食槽边缘摩擦鼻部，并留下血迹（图3-7-3）。初期有打喷嚏及鼻塞的症状，由于经常打喷嚏而造成的鼻出血，鼻出血多为单侧，程度不一（图3-7-4）。在猪圈的墙壁上和猪体背部有血迹。特征病变是鼻软骨的变形，上颌比下颌短，有面部被上推的感觉，当骨质变化严重时可出现鼻盘歪斜。

图3-7-3 鼻甲骨萎缩、变形，鼻痒，喜欢用鼻擦地。骨质变化严重时可出现鼻盘歪斜

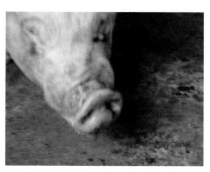

图3-7-4 打喷嚏及鼻出血，鼻软骨的变形

### （三）剖检变化

病变多局限于鼻腔和邻近组织。病的早期可见鼻黏膜及额窦有充血和水肿，有多量黏液性、脓性甚至干酪性渗出物蓄积。病程进一步发展，鼻软骨和鼻甲骨软化和萎缩，大多数病例，最常见的是下鼻甲骨的下卷曲受损害，鼻甲骨上下卷曲及鼻中膈失去原有的形状，弯曲或萎缩。鼻甲骨严重萎缩时，使腔隙增大，上下鼻道的界限消失，鼻甲骨结构完全消失，常形成空洞。

### （四）防治措施

在该病暴发时，各个年龄猪都要治疗，不要只治疗上市猪，而随着流行减轻，要首先减少快上市猪用药量。为了防止药物在身体中残留，商品猪上市前至少要停药4~5周或更长时间。药物治疗的同时要结合良好的饲养管理，这包括圈舍卫生环境以及通风换气等。

（1）用抗生素药物早期预防可以降低此病的发生，一般在3天、7天和14天时给仔猪注射多西环素，断奶仔猪在饲料中加抗生素，连喂几周可以预防此病。

（2）注射疫苗可以预防此病的发生。

（3）管理上做到全进全出，良好的卫生条件，也能消灭病因。

（4）磺胺间甲氧嘧啶拌料或者肌注，同时卡那霉素滴鼻。

# 八、仔猪副伤寒

## (一)简介

仔猪副伤寒也称猪沙门菌病,是由沙门菌引起的一种仔猪传染病。急性者为败血症,慢性者为坏死性肠炎,常发生于6月龄以下仔猪,以1~4月龄发生较多,一年四季均可发生,多雨潮湿、寒冷、季节交替时发生率高。传播途径较多,与病猪接触、猪的分泌物、排泄物都可传播。

## (二)临床症状

急性病例:体温高达41~42℃,精神不振,食欲废绝。耳根、胸前和腹下皮肤有紫红色斑点(图3-8-1)。后期有下痢,浅湿性咳嗽及轻微呼吸困难。病程多数为2~4日,病死率高。慢性病例:体温40.5~41℃,食欲不振,恶寒怕冷,喜钻草窝,皮肤痂状湿疹。耳朵、鼻端等皮肤末端皮肤淤血,呈紫红色。粪便灰白或灰绿,恶臭,呈水样下痢,相当顽固。耐过猪生长缓慢,形成僵猪(图3-8-2)。

图3-8-1 急性:耳根、胸前和腹下皮肤淤血呈紫斑

图3-8-2 慢性病例:粪便灰白或灰绿,恶臭,呈水样顽固下痢,形成僵猪

## (三)剖检变化

急性病例,全身黏膜、浆膜均有不同程度出血斑点(图3-8-3)。脾

脏肿大、蓝紫色、质地坚实、切面蓝红色是特征性病变（图3-8-4）。淋巴结肿大，尤其是肠系膜淋巴结索状肿大、出血（图3-8-5）。肾肿大并出血。病变以大肠（盲肠回盲瓣附近）发生弥漫性纤维素性坏死性肠炎为特征，肠壁增厚变硬。肝脏肿大，古铜色，上有灰白色坏死灶（图3-8-6），胆囊黏膜坏死。下腹及腿内侧皮肤上可见痘状湿疹，有灰白色坏死小灶。有时肾皮质及心外膜可能出现淤点性出血。

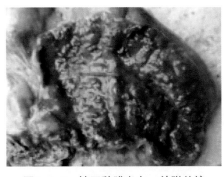

图3-8-3　结肠黏膜出血，并附着糠麸状坏死

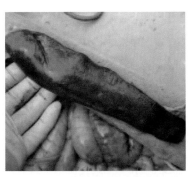

图3-8-4　脾脏肿大、蓝紫色、切面蓝红色

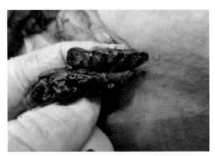

图3-8-5　淋巴结肿大弥漫性出血

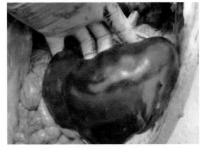

图3-8-6　肝脏肿大，古铜色，上有灰白色坏死灶

## （四）防治措施

加强饲养管理，消除诱发因素。选用合适抗菌药物预防和治疗，必要时可以使用疫苗。

（1）氯霉素为治疗本病首选药物，现我国已经禁用。现在多用氟苯尼考替代。不过病久猪用抗生素治疗，效果不佳。治疗应与改善饲养管理同时进行。常发本病的猪场可考虑给1月龄以上的哺乳仔猪和断仍仔猪注射猪副伤寒弱毒菌苗。

（2）阿米卡星注射液，每次20万~40万IU，肌内注射，每日2~3次。

（3）1%盐酸多西环素注射液，3~10ml／头肌内注射，按每千克体重0.3~0.5ml给药。每日1次，连用3~5天。

# 九、猪鼻支原体病

## （一）简介

猪鼻支原体病又称格拉斯病，是由猪鼻支原体引起猪的一种支原体性传染病。其发病特征是多发性浆膜炎和关节炎。该病多发生在3~10周龄仔猪。一旦猪群中有一头感染猪鼻支原体，就会在猪群中迅速传播。大约10%的母猪的鼻腔和鼻窦分泌物中有该菌，大约能从40%的断奶猪的鼻腔分泌物中分离本病原，也经常存在于屠宰的病猪肺中。猪鼻支原体普遍存在于病猪的鼻腔、气管和支气管分泌物中，传染途径主要是飞沫和直接接触。

## （二）临床症状

本病感染后第3天或第4天时出现被毛粗乱，第4天左右体温升高，但很少超过40.6℃，其病程有些不规律，5天或6天后可能平息下来，但几天内又复发。病猪表现精神沉郁，食欲减退，体温升高，四肢关节尤其是跗关节或膝关节肿胀，跛行（图3-9-1），腹部疼痛，有时出现呼吸困难，个别猪突然死亡，而多数病

图3-9-1　关节肿大，触诊可感觉热、痛及波动感

猪于发病 10~14 天，上述症状开始减轻或仅表现关节肿大和跛行，慢性病猪表现关节炎症状。疾病的亚急性期间，关节病变最为严重。发病后 2~3 个月跛行和肿胀可能减轻，但有些猪 6 个月后仍然跛行。

## （三）剖检变化

病猪可见浆液性纤维素性心包炎、胸膜炎和轻度腹膜炎，上述各处积液增多。肺脏、肝脏和肠的浆膜面常见到黄白色网状纤维素（图 3-9-2、图 3-9-3）。被侵害的关节肿胀，滑膜充血，滑液量明显增加并混有血液。慢性病猪受害关节滑膜与浆膜面增厚，并可见纤维素性粘连。滑膜充血、肿胀，滑液中有血液和血清。虽然可见到软骨腐蚀现象及关节翳形成，但病变趋向于缓和。

## （四）防治措施

（1）预防。做好饲养管理是预防本病的关键。尽量减少呼吸道、肠道疾病或应激因素的影响。猪鼻支原体感染后可使用疫苗和药物进行控制，而临床上相关疫苗较少且效果不明显，目前多使用药物进行治疗。在自然状态下，猪鼻支原体感染多呈慢性应答且炎症反应长期存在，因此要及早发现并隔离治疗。

（2）治疗。林可霉素混饲：每 1 000kg 饲料用 44~77g，肌内注射每千克体重用 10~20mg；泰乐菌素混饲：每 1 000kg 饲料用 100g，肌内注射每千克体重用 2~10mg。

 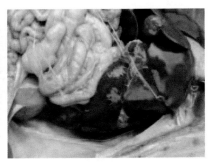

图3-9-2　腹膜炎，肝脏浆膜云雾状 白色和黄色纤维素伪膜　　图3-9-3　腹膜炎，腹腔脏器覆盖黄色纤维素伪膜

# 十、猪增生性肠炎

## （一）简介

猪增生性肠炎又称猪回肠炎、猪肠腺瘤、坏死性肠炎等，由细胞内一种革兰氏阴性菌——罗松菌引起的肠道慢性疾病。尽管该病的死亡率不高，但会对猪的生长有抑制作用，增加饲养成本，损害养猪业的经济效益。

## （二）流行情况

猪增生性肠炎是常见的接触性传染病，在全世界呈地方性流行，6~20周龄为易发感染期，有时育肥猪和成年公母猪也能够发病。该病的主要传染源是病猪排出的粪便、粪便污染的场地。一些外界的应激因素，如长途运输、过于拥挤，气候骤变等都能够诱发该病。

## （三）临床症状

临床症状分为急性型和慢性型，急性型比较少见，病猪多为4~12月龄，主要表现为突然血色水样腹泻，先后排出沥青黑色样和黄色稀粪（图3-10-1），很快虚脱而死。部分发病猪只表现皮肤苍白，未见粪便异常，但突然死亡。慢性型最为常见，病猪多为6~12周龄，主要表现为精

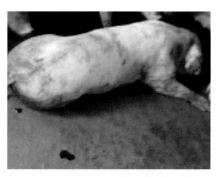

图3-10-1 排煤焦油粪便

神萎靡、厌食，发生间歇性下痢，粪便为糊状软粪或水样稀粪，有时混杂血液和坏死组织碎片；被毛粗乱，皮肤苍白，生长不良甚至停止或下降。部分发病猪在发病后4~6周康复，但部分会变成僵猪或者死亡。

## （四）剖检变化

病死猪结肠前部、盲肠和回肠的肠壁增厚，肠系膜、浆膜发生水肿，肠壁浆膜面出现脑回样的花纹（图3-10-2、图3-10-3），肠黏膜出现分枝状皱褶，黏膜湿润，常见颗粒状的炎性渗出物。急性增生性肠炎会在结肠和回肠形成凝血块，混有食物颗粒和血水等。增生性坏死肠段还会发生积水、鼓起、炎性分泌物等现象（图3-10-4）。

图3-10-2　小肠黏膜增生

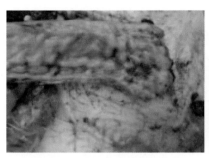

图3-10-3　肠黏膜增生

图3-10-4　横切面肠腔变窄

## （五）防治措施

加强卫生管理、清理、消毒工作，对发病猪应进行及时隔离和有效的治疗措施。治疗时可在水或饲料中混合金霉素、泰妙菌素、泰乐菌素或者硫黏菌素，连续给发病猪用药2周。严重时可进行药物肌内注射，恩诺沙星注射液进行肌内注射，每日2次，连续注射4~5日；泰乐菌素注射液，肌内注射，一日一次，连用4日。治疗病猪同时，对尚未发病的同舍猪群也在饲料中添加泰乐菌素和阿莫西林粉，连用一周。

# 十一、猪肺疫

## （一）简介

　　猪肺疫是由多种杀伤性巴氏杆菌所引起的一种急性传染病，也称猪巴氏杆菌病。多杀性巴氏杆菌多寄生于猪的咽喉和鼻道深处，扁桃体带菌率可达 36%。该病多为散发性流行，偶尔呈现地方性流行情况，一年四季均可发生，秋末春初最易发病，所有年龄段的猪只均可发病，小猪与中猪发病率最高。环境变化、饲养不良和猪抵抗力低下都可导致自体感染发病。该病发病、传播较快，并有较高的致死率。

## （二）临床症状

　　最急性型猪会发生败血症、胸膜肺炎。体温可达到 40~42℃。喉咙部红肿发热，呼吸困难（图 3-11-1），发生干性痛咳症状，常咳出带有血丝脓黏液，呼吸极度困难，即"锁喉风"。病程 1~2 天，死亡率可达100%。听诊急性型猪，有啰音和摩擦音，病猪体温往往超过 41℃，出现痉挛性咳嗽和呼吸困难症状，严重时伴有喘鸣音（图 3-11-2），鼻孔可见血样泡沫，有脓样黏液流出，皮肤存在红斑和出血点，先便秘后腹泻，最终死亡，病程 5~8 天，死亡率约为 70%，可转为慢性。慢性型猪可发生慢性肺炎、慢性胃炎。有咳嗽、气喘，伴有呼吸困难、下痢和贫血等症状。皮肤有局部坏死、红斑和红点，绝食，日渐消瘦。

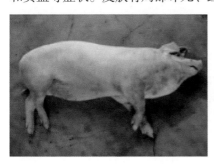
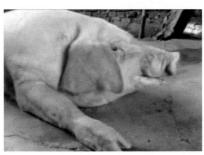

图3-11-1　急性败血型，咽喉部肿胀　　图3-11-2　黏膜、皮肤发绀，呼吸困难，颈部前伸，发出喘鸣声

## （三）剖检变化

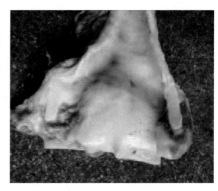

图3-11-3　喉头积泡沫

急性猪肺疫，有败血症的症状产生，全身发紫，皮下、浆膜有出血点。口鼻可见泡沫或有血液流出，腹腔有纤维素性渗出（图3-11-3）。切开皮肤，可见黄红色出血性胶冻样流出，咽喉部黏膜因充血和水肿增厚。淋巴结发生肿大、出血症状，切面为红色。同时伴有心外膜、脾有出血症状，胸腔、心包发生积液和纤维素化。肾脏肿大，肺脏充血、水肿。胃肠黏膜有卡他性或出血性炎症。肺小叶间质有水肿（图3-11-4），发生实质化病变，切面呈现出灰白、灰黄或者暗红、灰红的大理石样外观（图3-11-5）。支气管内充满分泌物。

慢性猪肺疫，发生慢性肺炎和胃肠炎。肺肝变区变大，内有灰色或者黄色坏死或干酪样物质，外有结缔组织包裹。心包积液并发生纤维素化粘连，胸腔化脓，有纤维素沉着，胸膜肥厚并与病肺粘连。纵膈淋巴结、扁桃体、支气管淋巴结、皮下组织发生干酪样变化。

图3-11-4　肺气肿

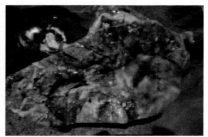

图3-11-5　切面大理石状

## （四）防治措施

（1）宜采取自繁自养、封闭式管理，避免猪群拥挤，保持适宜温

度，定期消毒，可选用 10% 石灰水、30% 热草木灰水、0.3% 过氧乙酸等为消毒剂，每周消毒一次，场区外人员不得随意进出，及时进行预防接种（猪肺疫弱毒疫苗）。

（2）用青霉素、链霉素混合进行肌内注射，一日 2 次，连用 3 天。或者注射硫酸卡那霉素，按每千克体重 4 万 U 肌内注射，一日 2 次，连用 3 天。另外，也可使用盐酸土霉素、多西环素、庆大霉素等进行治疗。

# 十二、猪痢疾

## （一）简介

猪痢疾的病原是致病性猪痢疾密螺旋体，可导致严重的肠道传染病，可感染各品种、各年龄段的猪只，2~4 月龄的仔猪发病率死亡率最高，无明显季节性，但较多发生于夏、秋季节的阴雨天。病猪及带菌猪是主要的传染来源，传染途径多为带菌猪的口粪传播，疾病呈缓慢持续性流行。该病具有反复性，复发周期为 3~4 周。

## （二）临床症状

急慢性病猪均发生下痢，粪便变软或呈粥状、水样，并多混杂黏液和血液，有恶臭。病猪出现精神沉郁，极度厌食。由于腹痛而产生踢腹行为，或有弓腰、起卧不安等等症状（图 3-12-1）。

最急性病例可能发病几小时内死亡，无腹泻症状。急性型病猪会排出黄色至灰色深浅不同的软便（图 3-12-2），厌食，体温可达到 40~40.5℃；随病情发展会排出混有血丝的黏粪，进而可见含血液、黏液和白色黏液纤维性渗出物碎片的粪便（图 3-12-3、图 3-12-4）。长期腹泻导致虚弱、脱水，逐渐消瘦。慢性型病猪的粪便常呈暗黑色，俗称黑粪，有时是混有血液的黏液样粪便。

## （三）剖检变化

病变主要集中在大肠，常在回盲口有明显分界（图 3-12-5）。最急性与急性病猪的大肠壁和肠系膜充血、水肿，肠系膜淋巴结肿大，腹腔多出现黏液和血液，若病死猪有严重脱水，腹腔可能干枯。亚急性型和慢性型病猪，发生大肠炎，伴有纤维素化并坏死，且肠黏膜表面覆盖假膜（图3-12-6）。

图3-12-1 腹痛，拱背或踢腹，消瘦，被毛粗乱，并粘有粪便

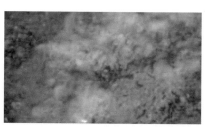

图3-12-2 排出呈油脂状、胶冻状的黄、白色纤维素黏液

图3-12-3 黏液和渗出物碎片的粪便

图3-12-4 粪便中开始含有血丝

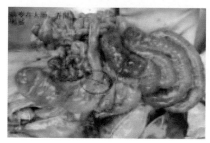

图3-12-5 特征性病变在大肠，回盲口与盲肠间有明显分界线

图3-12-6 结肠黏膜肿胀，皱褶消失并附有纤维素分界

## （四）防治措施

（1）从非疫区引进种猪，严格检疫，隔离观察，未曾发病猪群可

采取自繁自养措施，避免引入病源。及时清除粪便并运至指定地点消毒，加强猪场卫生清洁。猪舍定期交替使用3%来苏儿、20%石灰乳、4%火碱溶液来进行消毒，并使用3%的来苏儿、碘伏、百毒杀带猪喷雾消毒。

（2）1 000kg饲料中加入20~50g或1 000kg饮水中加入200~250g硫酸粘杆菌素，病猪按体重肌内注射或口服痢菌净，口服痢特灵，肌内注射正泰霉素，口服土霉素钙盐，口服强力霉素等也可治疗此病。

# 十三、仔猪渗出性表皮炎

## （一）简介

仔猪渗出性表皮炎，是细菌性传染病，又称油皮病，由葡萄球菌所引起。该病呈散发性，主要引起皮肤炎症、乳房脓肿和急性乳腺炎，3~50日龄仔猪最易发病，发病率和死亡率不高，但严重时死亡率能达到90%，对新建立或重新扩充的群体影响较大，降低猪群的生产性能，增加饲养成本，造成养殖户经济损失。

## （二）临床症状

哺乳仔猪在争乳过程中互相啃咬，导致仔猪的发病率高（图3-13-1），发病初期，眼周、耳廓、腹部和肛门周围等出现红斑，之后形成黄色水疱，破裂后有黏液渗出，并混有尘埃、皮屑及垢物，形成痂皮（图3-13-2至图3-13-4）。病猪厌食、脱水，并逐渐消瘦，部分病猪会有口腔溃疡、关节肿胀、蹄部病变等症状产生。部分病猪可在发病后30~40天康复，但由于生长发育受阻，变成僵猪。严重时，病猪会在发病4~6天死亡。

图3-13-1 哺乳、仔猪多发，主要通过争乳、互咬感染

图3-13-2 油皮

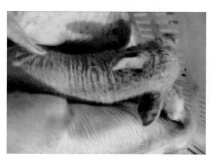

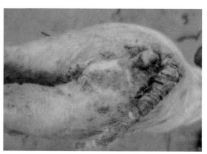

图3-13-3 皮肤裂隙有皮脂及血清渗
出，形成痂皮

图3-13-4 尾部坏死

## （三）剖检变化

病死猪肠壁变薄，外周淋巴结水肿，肝脏呈土黄色，肾切面肾盂积尿并有尿酸盐沉积（图3-13-5、图3-13-6）。

## （四）防治措施

对猪舍进行带猪消毒，每日1次，可选用高锰酸钾进行消毒。群体用药：发病猪群中的仔猪可用恩诺沙星进行治疗，在饮水中添加，浓度为50mg/L，连续服用5天，也可选用林可霉素进行治疗；个别用药：发病仔猪可以肌内注射阿莫西林15mg/kg并注射复合维生素B注射液3ml/头，每日2次，连续注射3~5天。患病的母猪可肌内注射复方氟苯尼考注射液3ml/kg，每日1次，连用3天。

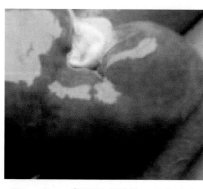

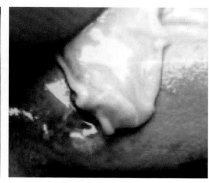

图3-13-5 肾可见小脓灶，白色暗点

图3-13-6 膀胱内有脓性分泌物

# 十四、猪梭菌性肠炎

## （一）简介

梭菌性肠炎的病原菌是 C 型魏氏梭菌，是一种致死性高的坏死性肠炎。1~3 日龄初生仔猪易发病，病程较短。猪群间发病率差异较大，病死率为 20%~70%。C 型魏氏梭菌主要存在于病猪肠道，也可在外界环境中存活，抵抗力强，故常呈地方性流行，给养猪户效益造成损害。

## （二）流行情况

C 型魏氏核菌，也称 C 型产气荚膜梭菌，是革兰氏阳性菌，可产芽孢，C 型产气荚膜梭菌及其芽孢可存活于人、畜肠道，粪便和土壤中等。该病无明显季节性，多发于 1~3 日龄仔猪，同一猪群内各窝仔猪的发病率不同，常高于 50% 最高可达 100%，病死率为 20%~70%。该病原可长期存在，若不采取有力的预防措施，该病可连年在产仔季节发生，造成严重危害。

## （三）临床症状

仔猪发病时，突然排出血便或拉黄色、灰黑色稀粪，虚弱无力，呼吸困难、抽搐，皮肤、耳尖、四肢末梢发绀，部分病猪在发病后 1~2 日内死亡，病程短促，有很高的死亡率。少数病猪的病程较长，可达 10 日，伴有腹泻症状（图 3-14-1、图 3-14-2），排出黄色的稀粪，嗜睡、日渐消瘦，即使康复也会形成僵猪。大猪发病，常突然倒地，伴有呼吸困难和抽搐等症状，鼻镜干燥，皮肤、耳尖、四肢末梢发绀（图 3-14-3），肛门外翻（图 3-14-4）。

图3-14-1　保育猪腹泻、衰竭

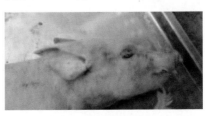

图3-14-2　保育猪腹泻、很快眼窝塌陷（脱水极快）

图3-14-3　皮肤、四肢末梢发绀，呼吸困难，腹壁呈弥漫性充血

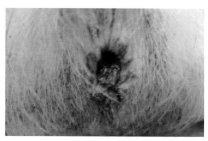

图3-14-4　成年猪突然腹围膨大、肛门外翻

## （四）剖检变化

仔猪被毛干燥，腹腔、胸腔、心包腔内有大量樱桃红色积液，主要病变部位为空肠。最急发作时，空肠呈暗红色（图3-14-5），肠腔内充满暗红色液体（图3-14-6），有时蔓延到结肠。肠系膜淋巴结呈现深红色。急性型发作的病死猪出血不十分明显，主要是肠部坏死，肠壁变厚、变黄、无弹性。腹腔有气泡，肠系膜淋巴结充血。亚急性型发作的病死猪的肠段黏膜形成坏死性假膜。慢性型发作病死猪是肠管外观正常，但黏膜上有坏死性假膜附着。大猪主要病变集中于小肠，有时可蔓延至回肠前部。肠黏膜及黏膜下层广泛出血，肠壁呈深红色，部分肠段臌气，肠内有暗红色液状（图3-14-7至图3-14-9），肠系膜淋巴结呈现鲜红色，空肠绒毛坏死。幽门周围及其附近胃壁充血，胃黏膜发生脱落，肾脏有出血点（图3-14-10）。

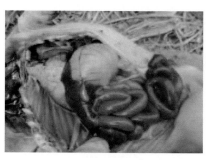

图3-14-5　3日内乳猪病变在空肠，有时也可延至回肠

图3-14-6　3日内乳猪小肠内含有血液

图3-14-7 保育猪小肠血管充盈，呈树枝状，肠深红色、部分臌气状，也有的呈暗红色液状

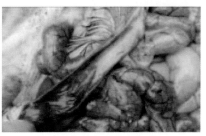

图3-14-8 保育猪肠内容物多为米脂

图3-14-9 保育猪胃臌满、积食

图3-14-10 乳猪发病，肾表面出血

## （五）防治措施

（1）可对妊娠母猪进行免疫接种，注射C型魏氏梭菌氢氧化铝和仔猪红痢干粉菌苗，并严格产房卫生消毒可减少病的发生。新生仔猪可口服土霉素、可溶性阿莫西林、乳酸环丙沙星等来预防发病。

（2）向发病仔猪颈部两侧进行肌内注射，注射林可霉素注射液0.1ml/kg，注射泰乐菌素0.2ml/kg，每日1次，连续使用3日，可对同群仔猪口服泰乐菌素，或者链霉素、青霉素、林可霉素或甲硝唑等一个疗程。

# 第四章

## 猪寄生虫病

## 一、猪蛔虫病

### （一）简介

猪蛔虫病是由猪蛔虫寄生于猪小肠引起的一种线虫病，是猪消化道内最大的寄生虫。该病可发生于全年任何季节，主要经口感染，我国猪群的感染率为17%~80%，平均感染强度为20~30条。3~5月龄的仔猪最易感染，仔猪的生长发育有严重影响，增重率可下降30%，严重时可导致仔猪生长发育完全停滞，变成僵猪，甚至死亡，严重损害养猪业经济效益。

### （二）临床症状

病猪厌食、精神不振、消瘦、贫血、被毛粗乱及腹泻拉稀等（图4-1-1、图4-1-2）。幼虫移行至肺时，引发病猪咳嗽，呼吸增快及体温升高。严重病例可出现哮喘样发作，咽部异物感，哮喘，犬坐呼吸，以及荨麻疹。进入胆管的成虫引起胆道阻

图4-1-1　经产母猪感染后便中带虫

塞，使病猪出现黄疸。成虫寄生在小肠时，可引起腹痛。成虫分泌的毒素，作用于中枢神经和血管，引起一系列神经症状。另外，成虫夺取猪大量的营养，使仔猪发育不良，生长受阻，形成"僵猪"，严重者导致死亡。

图4-1-2　断奶仔猪呕吐物含虫体

## （三）剖检变化

病变主要发生于肝、肺及小肠中。肝组织出血、坏死，产生云雾状的蛔虫斑（图4-1-3）。肺脏有萎陷和出血（图4-1-4），严重时肺脏及支气管内有大量的幼虫。小肠内有多数蛔虫，黏膜红肿发炎，肠内阻塞甚至破裂（图4-1-5）。蛔虫在胆道中能引起阻塞性黄疸（图4-1-6）。

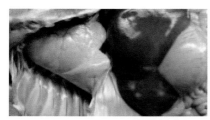

图4-1-3　肝组织出血、变性和坏死，形成云雾状的蛔虫斑"乳斑肝"

图4-1-4　肺有萎陷、出血、水肿、气肿区域，肺部在感染移行期可见出血或炎症

图4-1-5　蛔虫数量多时常凝集成团，堵塞肠道，导致肠破裂

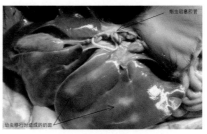

图4-1-6　误入胆管的成虫引起胆道阻塞，使病猪出现黄疸病症

## （四）防治措施

保持猪舍卫生，定期清洗猪栏，防止饲料、饮水被粪便污染。每2个月定期给仔猪驱虫一次，成年猪每年定期2次；可采用左旋咪唑、阿维菌素，以及敌百虫等预防性驱虫或是治疗。

# 二、猪弓形体病

## （一）简介

猪弓形体病是由弓形虫寄生引起的，是人畜共患的一种寄生虫病，又称为弓浆虫病或弓形虫病。弓形虫可通过口、眼、鼻、呼吸道、肠道、皮肤等途径侵入猪体。本病主要特征为高热、呼吸及神经系统症状、孕畜流产、胎儿畸形、死胎等。临床可见急性、亚急性和慢性3种病型，严重时可引起死亡，对养猪业、食品安全、人体健康危害较大。

## （二）流行情况

猪弓形体病呈地方性流行性或散发性，在新疫区则可表现暴发性。多发生于夏、秋季节，各年龄猪只都易感，多发于3~5月龄猪只，死亡率高达60%以上。本病可由母猪胎盘感染。

## （三）临床症状

病猪体温升至42℃左右，厌食、粪便干燥。耳、唇、腹部及四肢下部皮肤前期充血发红（图4-2-1、图4-2-2），后期发绀或有淤血斑。呼吸困难，咳嗽，严重时呈犬坐姿势（图4-2-3），后肢无力，行走摇晃（图4-2-4），浅表性呼吸困难。前期浆液性有鼻涕流出，进而流出呈黏液性黏稠鼻涕。仔猪多发

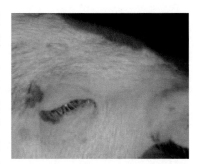

图4-2-1 流泪、眼睑轻肿

生下痢,黄色稀便。成年猪多呈亚临床感染,但怀孕母猪可发生流产或死产。

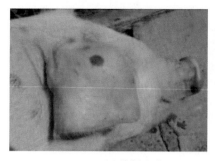

图4-2-2 耳外侧光亮

图4-2-3 病猪呼吸困难,咳嗽,严重时呈犬坐姿势

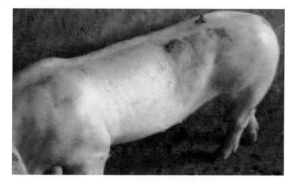

图4-2-4 浅表性呼吸困难、后肢麻痹、共济失调

## （四）剖检变化

发病猪出现腹腔积液,肺部水肿,有出血斑点和白色坏死灶（图4-2-5）,肺小叶间质增宽,其内充满半透明胶冻样液体。气管和支气管内有大量黏液性泡沫。淋巴结肿大,切开可见点状坏死灶。肝脏肿胀,呈灰红色,有坏死斑点（图4-2-6）。脾脏肿胀,呈棕红色,有凸起的黄白色坏死小灶（图4-2-7）。肾皮质有出血点和灰白色坏死灶（图4-2-8）。膀胱有少数出血点。肠系膜淋巴结呈囊状肿胀。有的病例小肠可见干酪样灰白色坏死灶。

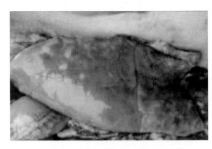
图4-2-5 肺水肿有白色坏死灶

图4-2-6 肝脏见星芒状坏死灶

图4-2-7 脾脏表面出现梗死灶

图4-2-8 肾白色坏死灶

## （五）防治措施

保持猪舍卫生清洁，定期进行消毒。猫是本病唯一的终末宿主，猪舍及其周围应禁止其出入。0.07g/kg磺胺-6-甲氧嘧啶及10%葡萄糖100~500ml/kg混合液进行治疗。轻症病猪按体重肌内注射磺胺-6-甲氧嘧啶0.07g/kg进行治疗，每日2次，连用3~5天即可康复。重症病猪按体重用磺胺-6-甲氧嘧啶0.07g/kg静脉注射，或静脉注射磺胺嘧啶。

# 三、猪疥螨病

## （一）简介

猪疥螨是由螨科的猪疥螨虫寄生于猪皮肤而产生的接触性、传染性的慢性外寄生虫病。该病的临床症状是病猪剧烈瘙痒，皮肤发生红点、脓疱、结痂、龟裂等，并有精神不振、食欲减退、生长迟缓等症状。

## （二）流行情况

本病在早春、秋冬季节尤其是阴雨天气时最易发病，猪群拥挤和卫生差的猪场发病率最高。该病可发生于各年龄、性别、品种的猪只，但 5 月龄以内的猪只更易发病。健康猪可因接触病猪皮屑或污染虫体的饲料及饲养工具等而感染。

## （三）临床症状

发病初期，病猪耳廓部皮屑脱落，皮肤出现小的红斑丘疹、水疱，发病后期发生破裂并形成结痂。四肢内侧较为严重（图4-3-1），眼窝、颊部、颈肩部、躯干两侧也能感染虫体，皮肤发炎、剧痒，患部摩擦而出血，伴有脱毛（图4-3-2）。皮肤变厚、粗糙，产生皱纹或龟裂，有痂皮。发病猪常在墙壁、护栏等处摩擦止痒（图4-3-3、图4-3-4）。贫血、弓背、精神萎靡、厌食、消瘦，皮肤被严重破坏，甚至生长停滞，严重时可引起内毒素中毒死亡。

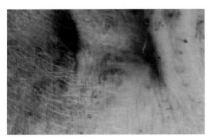

图4-3-1 腋窝较严重

图4-3-2 初期皮肤出现小的红斑丘疹，剧痒，患部摩擦而出血，被毛脱落

图4-3-3 奇痒，在墙壁摩擦，脱毛

图4-3-4 奇痒，发病猪常用蹄部挠痒

## （四）剖检变化

病猪的颈部、体侧以及臀部的痂下组织形成囊状坏死灶，存在渗出液，而灶内组织会发生坏死和溶解，内有灰黄色或者灰棕色的创液流出。创口边缘不整齐，且创底凹凸不平。坏死灶可达十几处，甚至布满全身。个别病猪的病变能够深达肌肉筋腱、韧带以及骨骼，引发胸部穿孔和腹部穿孔。部分病猪耳部及尾巴发生干性坏死，肢端发生腐脱。病死母猪的乳腺、乳头及乳房皮肤可发生坏死。

## （五）防治措施

预防：可将螨净乳浊液进行 500 倍稀释，向圈舍和猪体喷洒，可用双氧水对猪舍进行带猪消毒，也用 1% 敌百虫溶液喷洒猪舍地面及墙壁进行消毒。注意对产房进行消毒、杀虫处理，待产母猪用药治疗后再移入分娩舍。可对断奶仔猪进行预防性用药。新引进猪需经用药治疗方可进场。种猪群需一年 2 次防治。

治疗：在饲料中添加伊维菌素、阿维菌素，7 日一次，连用 3 次。可用 0.5% 敌百虫水溶液，在患部涂抹或喷洒猪体，5 日一次，连用 2 次。在病猪患处涂抹 0.4%~0.5% 的拉硫磷溶液，同时再用敌百虫溶液或拉硫磷溶液对圈舍喷雾。

# 四、猪球虫病

## （一）简介

猪球虫病是由猪等孢球虫和某些艾美耳属球虫寄生于小肠上皮细胞所引起的以腹泻为主要临床症状的原虫病。

## （二）流行情况

猪球虫病可发生于全年任何季节，其中春、夏交替时，尤其是梅雨季节发病率较高。可感染任何日龄的猪只，仔猪感染主要来源是产房，最早为 6 日龄，最迟至 3 周龄，俗称 "10 日龄下痢"。有 25%~30% 的仔猪腹泻性疾病中是由仔猪球虫病导致，且超过 86%

的猪场感染此病。患病猪排出的粪便内有卵囊，可由易感猪经口感染。

## （三）临床症状

7~21日龄哺乳仔猪发病时发生腹泻，排出水样的黄色粪便，发出腐败酸臭味，几天后排出糊状的淡绿色粪便（图4-4-1、图4-4-2）。部分患病仔猪被毛粗乱、脱水、体重减轻。断奶仔猪发病时精神不振、厌食，发生腹泻，排出水样的灰色粪便，脱水，症状严重时嘴唇周围和腹下皮肤明显发绀。此病易与黄痢等病发生混淆（图4-4-3）。

图4-4-1 常黏附于会阴部，污染后躯，有强烈的酸奶味

图4-4-2 泻便糊状，排便时似"挤黄油"状

图4-4-3 有时可能有轻微黄疸现象

## （四）剖检变化

病猪空肠和回肠发生局灶性溃疡和纤维素性坏死，大肠无病变。严重感染仔猪的中后段空肠呈卡它性或局灶伪膜性炎症（图4-4-4），黏膜表面有斑点状出血和纤维素性坏死斑块，肠系膜淋巴结水肿性增大

（图4-4-5）。部分病死猪的结肠和盲肠肿胀、出血，局部坏死，结肠黏膜呈暗红色，有细针尖样的乳白色虫体，且其前部钻入黏膜内。

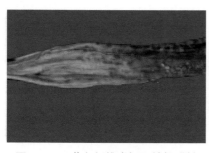

图4-4-4　黄色纤维素坏死性假膜松弛，附着在充血的黏膜上

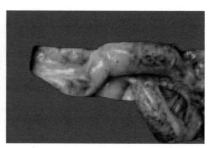

图4-4-5　黏膜表面有斑点状出血，进而出现糠麸状坏死，肠系膜淋巴结水肿、增大

## （五）防治措施

产房宜采用高床分娩栏，可减少球虫病感染率，并对猪舍进行定期消毒，保持仔猪舍清洁干燥；哺乳仔猪患病后可按照体重服用20mg/kg 5%百球清口服液（甲苯三嗪酮），断奶仔猪患病后可在每吨饲料中添加200g 10%盐霉素，用药7日后停药3日，在每吨饲料中添加500~600g强力霉素，用药5~7日。

# 五、猪鞭虫病

## （一）简介

猪鞭虫亦称为毛首线虫，常寄生盲肠内，该病主要危害2~14月龄的仔猪，有较高的发病率和病死率，而成年猪多呈隐性感染，而且14月龄以上的猪很少感染。该病可广泛分布，夏季最易发病，可导致生长缓慢，大量寄生时会导致患病猪贫血、带血下痢、机体消瘦，甚至发生死亡。

## （二）临床症状

发病初期，多无临床症状，偶有腹泻症状。随着病情加重，病猪食欲减退、消瘦、无力。被毛稀疏，后背处有灰色斑点，且伴有贫血、腹泻（图4-5-1）。粪便带有黏液和血液，严重时甚至直接排出血便，还可能发生顽固性下痢，最后衰竭死亡（图4-5-2）。

图4-5-1　严重感染病例，病猪消瘦、贫血、皮肤皱缩、严重脱水

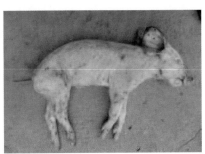

图4-5-2　严重感染病例，食欲减退、腹泻、粪便带有黏液

## （三）剖检变化

病猪盲肠、大肠水肿、充血、出血，黏膜坏死，盲肠和结肠溃疡，产生大量黏液，并形成肉芽肿样结节（图4-5-3）。结肠病变与盲肠相类似，散发恶臭，黏膜呈现暗红色，存在细针尖样的乳白色的虫体（图4-5-4），虫体前端常钻入肠黏膜中，钻入处形成结节。

图4-5-3　鞭虫感染可引黏膜层溃疡，大肠黏膜坏死、水肿和出血

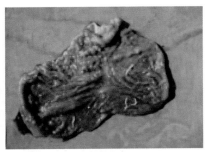

图4-5-4　盲肠黏膜出血及虫体

## （四）防治措施

保持猪舍卫生，粪便及时清除，到指定位置集中处理，确保可完

全杀死虫体，防治虫卵滞留，可用3%的复合碘溶液进行消毒；可将150g泰乐菌素、200g强力霉素、300g多维菌素和500g伊维菌素混匀，添加到每吨饲料中，给猪群投喂，连续用药7日。或按体重向饲料中混入敌百虫片0.1g/kg进行投喂。重症猪可进行肌内注射，向发病猪颈部两侧进行注射，一侧注射林可霉素注射液0.3ml/kg，另一侧每33kg注射1ml泰乐菌素。

# 第五章

## 其他疾病

## 一、猪附红细胞体病

### （一）简介

猪附红细胞体病是人畜共患病，附红细胞体主要寄生于猪红细胞表面或血浆及骨髓中，引起发热、贫血、黄疸等症状。

### （二）流行情况

猪附红细胞体病多发于气候炎热、多雨的季节，6—9月是我国该病感染的集中期。可感染各品种、年龄的猪只，各种阶段猪的感染率达80%~90%，仔猪发病率和死亡率最高，生长猪和母猪的感染也比较严重。

### （三）临床症状

急性病例：前期皮肤赤红，发热，中后期贫血、黄疸、血尿。部分怀孕母猪流产和死胎。仔猪出现发热、贫血和黄疸后很快死亡。慢性病例：群体发病时饮水增加、尿频，逐渐产生厌食症状。被毛粗乱，皮肤暗红色，全身逐渐出现出血点（图5-1-1），鬃部毛孔有湿润感，部分猪耳静脉塌陷。结膜炎、有血样脓性眼屎，睫毛根部棕色，眼圈周围、肛门发青紫色（图5-1-2），部分猪行走时后躯摇晃、两后肢交叉、起卧困难。发病后期个别猪贫血、黄疸和尿如浓茶。耳发绀，病程较长。病猪可见腹泻或干栗便并附有黄色黏液。

断奶仔猪发病：除有以上症状外，体表暗红或苍白，皮肤疏松，乳头基部呈蓝紫色，耳外侧、腹部皮下有较规则的深蓝墨水样出血点（图5-1-3）。哺乳仔猪发病：排黄色或白色粥状或水样稀便。被毛逆立，发抖，精神不振，偶尔有咳嗽、呼吸困难。流鼻液，鼻液呈清亮或黏稠样，鼻盘发绀、眼结膜苍白。严重的可见到黄染，肛门、眼周围呈蓝紫色。病猪濒死期体温下降，排黄红色尿液。母猪发病：体温时高时低，背部厥冷，有的猪乳头、阴门水肿、发绀。猪体瘦弱，不见发情或者屡配不孕。育肥猪发病：耳朵现紫红色，高热。部分病猪便秘并排出夹杂有黏液和血液的粪便，走路摇晃继而后肢麻痹，体质衰竭，导致死亡。

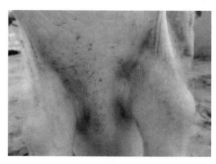

图5-1-1 毛孔渗血点

图5-1-2 结膜炎、有血样眼屎，睫毛根部棕色，有紫眼圈

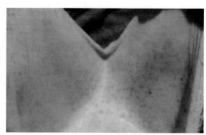

图5-1-3 皮下淤血点（腹部、大腿内侧）

## （四）剖检变化

患病猪贫血、皮肤以及黏膜苍白，有的全身性黄疸和皮下组织水肿（图5-1-4、图5-1-5）。血液呈水样，色淡，凝固不良。心包积液，有出血斑点，心肌松弛。肝脏肿胀变硬，呈黄色

图5-1-4 四肢皮下水肿

（图5-1-6）。胆囊肿胀，内有浓稠明胶样胆汁。脾脏肿大变软较易碎，呈暗黑色。心脏、肾脏出血点或黄色斑点，淋巴结水肿。

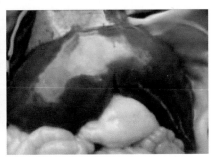

图5-1-5 胸腔积液、肺黄疸出血　　图5-1-6 肝脏黄疸

## （五）防治措施

（1）保持猪舍卫生，定期清洁消毒，粪便及时清除，进行消除蚊虫叮咬。在实施注射、断尾、打耳号、阉割等时，注意严格消毒。对新购入猪只进行检疫，防止引入病猪或隐性感染猪。

（2）群体给药：可用阿散酸进行治疗，180mg/L用药一周，90mg/L用药四周。也可用多西环素、金霉素、土霉素（800~1 000mg/L）、四环素等进行治疗，5~7天一个疗程。个体给药（注射）：可进行肌内注射，长效土霉素注射液和黄芪多糖注射液分别注射治疗，也可用多西环素注射液和黄芪多糖注射液分别肌内注射。

（3）附红细胞体对贝妮尔等药物也较为敏感，也可用于治疗该病。治疗期间宜补充铁剂，以提高治疗效果，减少死亡率。

# 二、猪钩端螺旋体病

## （一）简介

钩端螺旋体病是一种人畜共患传染病，任何品种、性别、年龄的猪均可感染，其中仔猪发病较多，特别是哺乳仔猪和断奶仔猪发病最为严重。该病的主要途径为皮肤，其次是消化道、呼吸道以及生殖道黏膜。该病发生无明显季节性，夏、秋两季尤其是多雨时节是该病的高发期，常呈散发性或地方性流行。该病会导致繁殖母猪受胎率降低、流产、死胎等，育肥猪慢性感染后增重缓慢，仔猪生长停滞，变成僵猪，且易死亡。

## （二）临床症状

病猪体温升高，排出燥结粪便，颜色较深，尿如茶色或血尿。眼结膜以及巩膜发生黄疸，精神不振，厌食。抽搐、震颤、躯干和四肢肌肉僵硬、麻痹、运动失调。哺乳期仔猪病例全身可见出血点（图5-2-1），头颈部水肿（图5-2-2、图5-2-3），病死率很高。较大猪发病主要表现黄疸血尿。怀孕母猪患病后产生流产、死胎、木乃伊胎等。

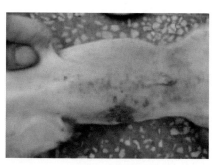

图5-2-1 哺乳期仔猪急性病例，可见全身有出血斑点

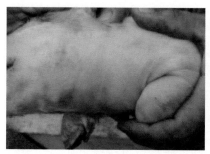

图5-2-2 头颈部水肿"粗脖子"或"大头瘟"

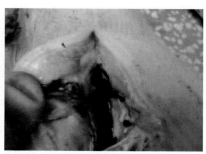

图5-2-3 急性病例哺乳仔猪头、颈水肿，切面透明胶样

## （三）剖检变化

病猪皮下组织、浆膜、黏膜都发生不同程度的黄疸（图5-2-4），胸腔和心包积液，肠、心内膜、肠系膜、膀胱黏膜有出血症状。肝脏肿大，呈现棕黄色（图5-2-5）。肾脏肿胀、淤血。哺乳仔猪的

头、颈、背及胃壁发生水肿，切面呈现明胶样。肾脏有灰色坏死灶（图5-2-6），周围有出血环。结肠系膜透明胶样水肿（图5-2-7）。

图5-2-4 胸腔和心包积液，皮下组织、浆膜、黏膜有不同程度的黄疸

图5-2-5 肝肿大，棕黄色

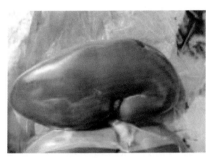

图5-2-6 急性肾肿大、淤血，有灰色病灶

图5-2-7 结肠系膜透明胶样水肿

## （四）防治措施

进行严格的灭鼠、卫生、消毒等工作。治疗时，按体重向发病猪群饲料中添加土霉素 0.75~1.5g/kg，病猪也可按体重肌内注射链霉素 15~25mg/kg，每日 2 次，连续用药 3 日，也可向发病猪注射青霉素、链霉素混合液，青霉素 4 万 U/kg，链霉素 50ml/kg，每日 2 次，连续用药 5 日。如果病猪症状严重，在注射链霉素的同时注射四环素、葡萄糖，并使用维生素 C 和强心利尿剂，持续高热的情况下，可肌内注射解热剂进行治疗。除发病猪外，要向全群进行投药预防，可向每吨饲料添加多西环素 600~800g，连续用药两周。